农业种养新技术

裘樟鑫 顾问

吴　春　主编

U0396100

浙江工商大学出版社

图书在版编目(CIP)数据

农业种养新技术 / 吴春主编. — 杭州：浙江工商
大学出版社，2011.8

ISBN 978-7-81140-350-3

Ⅰ.①农… Ⅱ.①吴… Ⅲ.①农业技术 Ⅳ.①S

中国版本图书馆 CIP 数据核字(2011)第 158409 号

农业种养新技术

吴　春　主编

策划编辑	钟仲南　邬官满
责任编辑	罗丁瑞
责任校对	周敏燕
封面设计	夏丹昵
责任印制	汪　俊
出版发行	浙江工商大学出版社
	(杭州市教工路 198 号　邮政编码 310012)
	(Email:zjgsupress@163.com)
	(网址:http://www.zjgsupress.com)
	电话:0571 - 88904980,88831806(传真)
排　　版	杭州朝曦图文设计有限公司
印　　刷	杭州杭新印务有限公司
开　　本	850mm×1168mm　1/32
印　　张	5.75
字　　数	142 千
版 印 次	2011 年 8 月第 1 版　2012 年 5 月第 2 次印刷
书　　号	ISBN 978-7-81140-350-3
定　　价	16.00 元

本书编委会

顾　问　　裘樟鑫

主　编　　吴　春

编　委　（按姓氏笔画为序）

马先进　王玉龙　李　瑾　李艾芬

吴　春　沈海燕　倪涌城　谈灵珍

康　早　黄全明　熊彩珍

序

近年来,嘉兴市南湖区加快调整农业产业结构,大力发展生态高效都市型农业,形成了以生猪、甲鱼、蜗牛为重点的特色养殖业和水果、蔬菜等为重点的高效种植业。先后被评为浙江省粮食生产先进区、省农业特色优势产业综合强区、省畜牧业强区,被农业部列入全国桃产业技术体系示范区、葡萄产业技术体系示范区。

本书汇集了南湖区近年来探索推广的部分农业种养和生物治污等新技术。作者都是南湖区长期在农业生产一线从事农技推广工作的农业专业技术人员,有较丰富的农技推广实践经验。希望本书的出版能为广大农民朋友和有关单位在农业技术推广应用方面提供借鉴,为农业增效、农民增收作出贡献。

马纪良[①]

2011 年五一节

---

① 马纪良同志系嘉兴市南湖区人民政府副区长。

目　录
CONTENTS

第一章　"万元千斤"种植模式

第一节　大棚生姜—晚稻"万元千斤"种植模式………………… 1
　一、经济效益 ……………………………………………………… 1
　二、技术要点 ……………………………………………………… 1
　三、注意事项 ……………………………………………………… 4
第二节　大棚莴笋＋西（甜）瓜—晚稻"万元千斤"种植模式…… 4
　一、经济效益 ……………………………………………………… 4
　二、技术要点 ……………………………………………………… 5
　三、注意事项 …………………………………………………… 10
第三节　大棚瓠瓜、茄子—晚稻"万元千斤"种植模式……… 11
　一、经济效益 …………………………………………………… 11
　二、技术要点 …………………………………………………… 11
　三、注意事项 …………………………………………………… 20
第四节　大棚西（甜）瓜—晚稻"万元千斤"种植模式 ……… 20
　一、经济效益 …………………………………………………… 20
　二、技术要点 …………………………………………………… 21
　三、注意事项 …………………………………………………… 34
第五节　黑木耳—晚稻轮作"万元千斤"种植模式 ………… 34
　一、经济效益 …………………………………………………… 34
　二、技术要点 …………………………………………………… 35

三、注意事项 ……………………………………………… 39

第二章　沼液利用技术

第一节　沼液晚稻种子浸种技术 ……………………… 40
第二节　沼液替代化肥农田施用技术 ………………… 41
第三节　沼液替代化肥菜地施用技术 ………………… 42
第四节　沼液替代化肥果园施用技术 ………………… 43

第三章　晚粳稻机械化育插秧栽培技术

第一节　育秧技术 ……………………………………… 45
第二节　机插大田的耕整 ……………………………… 49
第三节　机插秧大田栽培及管理 ……………………… 50

第四章　绿色养殖模式——污染物源头控制技术

第一节　绿色生猪食品安全及污染物源头控制技术研究 … 55
第二节　微生态—绿色生猪养殖模式 ………………… 58
一、严格做好养猪场的饲养管理工作 ………………… 61
二、微生态—绿色生猪养殖模式（不喂草模式）的要点 … 61
三、微生态—绿色生猪养殖模式（喂草模式）的要点 …… 62
第三节　绿色生猪生产技术操作规程 ………………… 63
一、保育猪饲养管理操作规程（38～73 日龄） ……… 63
二、小猪饲养管理操作规程（73～110 日龄） ……… 66
三、肥育猪饲养员饲养管理规程（110～210 日龄） …… 69
四、绿色饲料加工程序 ………………………………… 72
五、猪场消毒程序 ……………………………………… 73

六、绿色养殖免疫程序(生长肥育猪) ……………… 76

七、生产绿色生猪用药规范……………………………… 80

八、其他要注意的事项…………………………………… 82

第五章 菌藻沼液处理模式——养殖排污物最终处理技术

第一节 规模养殖对环境影响的现状及目前所采取的治污

　　　方法 ……………………………………………… 83

第二节 用菌藻处理沼液达标排放技术的特点及工艺流程 … 85

第三节 中小型猪场污水治理工程设计方案 ……………… 92

一、概述 …………………………………………………… 92

二、污水的水质、水量与处理目标 ……………………… 93

三、方案编制原则 ………………………………………… 94

四、工艺原理及流程说明 ………………………………… 95

五、方案设计范围 ………………………………………… 96

六、方案编制依据 ………………………………………… 97

七、工程布局及结构设计 ………………………………… 97

八、设备制作、防腐涂漆等措施 ………………………… 97

九、电气仪表说明 ………………………………………… 98

十、工程建设投资核算表 ………………………………… 99

十一、工程经济技术指标及运行费用概算 ……………… 100

十二、工程效益分析 ……………………………………… 101

十三、调试和操作运行管理 ……………………………… 101

十四、结论及建议 ………………………………………… 102

第六章 桃设施栽培技术

第一节 桃设施栽培概况………………………………… 103

一、桃设施栽培 …………………………………………… 103

二、设施栽培特点 ………………………………………… 103

第二节 桃设施避雨栽培 ………………………………… 105

一、桃避雨栽培的生产现状 …………………………… 105

二、桃避雨栽培用材和种植品种 …………………… 105

三、桃避雨栽培应用情况 ……………………………… 106

第三节 桃设施促成栽培 ………………………………… 107

一、品种选择 ……………………………………………… 107

二、栽植密度 ……………………………………………… 108

三、整形修剪技术 ………………………………………… 108

四、设施类型及扣棚时间 ……………………………… 109

五、温湿度控制及补充二氧化碳 …………………… 115

六、花、果期管理 ………………………………………… 117

第四节 桃设施病虫害防治 …………………………… 117

一、防治原则 ……………………………………………… 117

二、防治方法 ……………………………………………… 118

第七章 白玉蜗牛养殖技术

第一节 白玉蜗牛的发展历史和生产现状 …………… 126

第二节 白玉蜗牛市场发展前景 ……………………… 128

第三节 白玉蜗牛的生物学特性 ……………………… 131

第四节 白玉蜗牛的养殖技术 ………………………… 135

第五节 白玉蜗牛的发病原因及防治方法 ………… 140

第八章 规模猪场动物防疫集成技术

第一节 猪场的选址 ……………………………………… 145

第二节　控制外疫传入……………………………………… 146

第三节　控制内疫…………………………………………… 148

第四节　环境的管理和控制………………………………… 149

第五节　营养要全面、合理………………………………… 153

第六节　猪场保健…………………………………………… 154

第七节　防治方案…………………………………………… 155

第九章　猪人工授精技术

第一节　猪人工授精技术的发展…………………………… 160

第二节　猪人工授精的意义………………………………… 161

第三节　猪人工授精的操作步骤…………………………… 163

第四节　母猪发情诊断……………………………………… 171

第五节　输精操作…………………………………………… 171

第一章 "万元千斤"种植模式

第一节 大棚生姜—晚稻"万元千斤"种植模式

一、经济效益

一般种植大棚生姜平均亩产 1300 公斤左右,按市场价每公斤 7.5～12 元计,亩收入 16000 元,成本 3000 元,净收益 13000 元;晚稻平均亩产超 500 公斤,产值 1300 元,成本 470 元,净收益 830 元。全年两季合计每亩净收入达 13830 元,经济效益十分显著。

二、技术要点

生姜选用优质高产抗病的新丰生姜,晚稻选用秀水 114 等高产优质中熟(偏早)的推广品种。大棚生姜(前作),嫩姜上市在 6 月底至 7 月下旬结束,时间长达 30 天左右;晚稻(后作),待嫩姜出售后于 7 月底之前接种移栽,11 月上旬成熟。

(一)生姜栽培

1. 前期准备

当年 1 月,田块翻耕、作畦、开沟;2 月,搭大棚 6 米宽,可用钢管大棚(成本较高)或竹穿大棚(造价低)。出窖姜和熏种姜。

2. 姜种选择、消毒、催芽

1

种姜又称娘姜,是保证生姜生长好、产量高的基础。种姜必须选头年成熟、肥壮的新姜;选芽多、鲜嫩苗壮、无病虫、无机械损伤、未受低温冻害的姜。为防止病菌危害及蔓延,选好的种姜在催芽前必须进行消毒处理。催芽采用熏姜法。认真切好种姜,催芽后应根据种姜的大小,芽眼的个数及芽的粗壮,进行选芽切种或掰种。

3. 适时种植

以3月20日左右种姜为适宜,并采用大棚加地膜保温覆盖技术,以提早出苗,保证产量,尽早上市。

4. 合理密植

一般采取畦宽约1.7米,沟宽0.3米,沟深0.4米。每亩作嫩姜栽培排7500棵左右,作种姜栽培排5000棵左右。采用斜放与平放两种方式,以便姜芽出土快,亩用种姜250公斤。姜排好后,穴间施混合基肥,每亩钙镁磷肥30公斤,进口复合肥45公斤。再用敌百虫0.5公斤,拌菜籽饼25公斤(或细土)穴施预防地下害虫。播后覆盖猪粪20担左右,再盖沟泥细土,4月上中旬出苗,力保4月底齐苗。

5. 肥水管理

姜很耐肥,除施足基肥外,应多次追肥,一般在苗高4~5寸开始施肥,以后每隔15天左右施肥一次,促进姜的根茎生长和肥大。若出现高温干旱天气则需在沟中灌浅水,灌水宜在早晚土温降低后进行,但要防止田间积水。夏季雨水多时,注意排水,积水后易引起根茎腐败病。因此,灌水和排水要适时进行,以利植株生长,防止病害发生。

6. 中耕除草培土

生姜由于分生力强,不断分生出新的嫩姜,分生的新姜肥大,皮层鲜嫩致密,为了促使根茎快速生长,并防止新姜位置上移外露而影响质量,故在追肥后应结合中耕除草进行培土。

7. 病虫防治

一般在 4 月底齐苗后防地下害虫,亩用 40%毒死蜱 80 克;防姜螟一般在 6 月上旬,亩用 5%锐劲特乳油 50 克,800～1000 倍液防二次姜螟。

8. 采收和留种

收嫩姜一般在 6 月底至 7 月底采收。这时,姜的幼嫩根茎已迅速膨大,水分多,肉质脆嫩,适宜腌制成酱菜,也可作为菜姜。留种用的姜应设留种田,生长期间多施钾肥,少施氮肥,待地上部分开始枯黄,根茎充分膨大老熟时可于 11 月上旬采收。要注意不能过迟采收,以防受冻害。窖床是生姜越冬贮藏的关键,要求:密闭贮藏,温度在 5～15℃为宜,干湿适度,以利生姜安全越冬。

(二)后茬晚稻栽培

1. 品种选择

育秧移栽稻,可选用中熟晚粳秀水 114、秀水 134 等品种;直播种植可选用特早熟晚粳秀水 03、秀水 417 等品种。

2. 适时播栽

移栽晚稻于 6 月下旬播种(根据姜收获期定迟早),控制秧龄 25～30 天,大田亩用种量 6 公斤,7 月底前移栽。直播稻(特早熟品种)于 7 月 15 日前播种,亩用种量 4～5 公斤。

3. 合理密植

移栽田规格为 4 寸×4.5 寸,亩插 3.33 万丛,亩基本苗为 12 万苗。直播田亩基本苗 10 万～12 万苗,注意匀播,4 叶期疏密补稀。

4. 科学施肥

姜后田遗留肥力较高,要适量控制氮肥用量,亩用尿素总量 20 公斤,钾肥 7.5 公斤,并注意后肥不可过重,以防影响稻穗结实、倒伏。

5. 病虫草害防治及水浆管理

根据病虫情报及时做好药剂防治,并注意直播田块的杂草防除。抓好护苗、促蘖、控秆(搁田)、防倒、防衰等水浆管理。11月上旬晚稻成熟适时收割。

三、注意事项

1. 生姜生长对土壤质量有一定要求,适宜在土壤深厚、疏松、保水性好、排水条件畅通、腐殖质多的黏壤土或轻砂土中栽培,能达到稳产高产;

2. 低洼田、冷水田、淹水田块都不能种植生姜,如种植生姜,一旦水淹将导致毁灭性损失;

3. 姜易发生腐败病(俗称姜瘟)。故不宜连作。连作会导致土地带菌,发生姜瘟,从而导致减产,应与水稻或其他旱杂粮进行3~4年轮作。

第二节　大棚莴笋＋西(甜)瓜—晚稻
"万元千斤"种植模式

一、经济效益

大棚莴笋,平均亩产4500公斤,亩产值5500元,接栽大棚西(甜)瓜,平均亩产2100(2800)公斤,亩产值6150(7900)元,晚稻平均亩产530公斤,产值1000元。全年三熟平均亩产值12650(14400)元,收获粮食500余公斤,减亩成本5620(6180)元,亩净收入7030(8220)元。获得粮经双丰收,经济效益十分显著。

二、技术要点

大棚莴笋于 9 月下旬播种,10 月下旬至 11 月上旬晚稻收割后移栽,翌年 1 月下旬收获;接种小型西(甜)瓜,瓜于 12 月下旬播种,1 月下旬移栽,5 月上旬至 6 月下旬收获;接种晚稻,晚稻中熟品种(秀水 114、秀水 134)需育秧移栽,于 6 月上旬播种,7 月上旬移栽;特早熟品种(秀水 03)可直播,于 7 月上、中旬播种,在 10 月下旬均可成熟收获。

(一)大棚莴笋栽培

1. 前期准备

10 月下旬晚稻收割后,选排灌方便、土壤肥沃的田块翻耕、作畦,开沟;搭大棚架 6 米宽,高 1.8~2 米,可用钢管大棚(成本较高)或竹穹大棚(造价低)。

2. 选用良种

秋冬季栽培的大棚莴笋应选用耐寒、优质、早熟、抗病、高产的品种,如竹叶青、种都 5 号、永红 1 号、挂丝红等。

3. 适时播栽

9 月下旬播种育苗,10 月下旬定植,1 月下旬采收。

4. 培育壮苗

亩用种量 25~50 克。选择排水良好,阳光充足田块育苗。为提高种子发芽率,种子需用温水浸种 6 小时左右后,放置冰箱保鲜柜内,在 8~20℃的条件下处理 24 小时,然后把种子放置室内,1~2 天种子露白后播种,叶龄 5~6 叶期,秧龄 25 天左右适时移栽定植。

5. 科学施肥

莴笋产量高,需肥量大,须施足基肥,一般每亩施腐熟有机肥 4000 公斤,复合肥 50 公斤,于移栽前 7~10 天施入。定植活棵后追轻肥 1 次,上冻前施重肥 1 次,以后根据需要酌量进行追肥,土潮时追肥容易烂头。追肥不可过晚,每次追肥量不要过大,以防止莴苣的肉质茎开裂。

6. 合理密植

秧苗 5～6 叶期定植,行株距(40～45)厘米×(35～40)厘米,亩栽 3500～5000 株。

7. 田间管理

莴笋生长需较冷凉的气候条件,一般在 11 月中旬最低气温接近 0℃时进行大棚覆膜,在最低气温达－2℃时覆盖大棚膜,既可避免棚内温度偏高引起窜苔,又可防止低温冻害。

8. 病虫害防治

大棚莴笋主要病害是霜霉病与灰霉病,主要虫害是蚜虫。霜霉病可用 72%杜邦克露 600～800 倍、58%甲霜灵锰锌 500 倍等农药喷雾防治,灰霉病可用万霉灵 800～1000 倍、25%扑瑞风 600～800 倍等农药喷雾防治,蚜虫可用 10%一遍净(吡虫啉)1000 倍、1%杀虫素 1500 倍等农药喷雾防治。

9. 适时采收

莴笋主茎顶端与植株最高叶片的叶尖相平时为收获适期,这时茎部已充分肥大、品质脆嫩、产量最高,是最佳采收期。

(二) 小西(甜)瓜栽培

1. 品种选择

冬春大棚栽培应选择早熟、优质、高产、抗病、耐寒性强的品种。西瓜品种有小兰、早春红玉、特小凤、黄小玉、拿比特等;甜瓜有三雄 5 号、翠绿、西薄洛托、玉姑等。

2. 播前准备

(1) 配制营养土

取 2～3 年未种过瓜类作物的菜园土 70%,腐熟猪、鸡粪或沼渣 10%～15%,草木灰或秸秆灰 10%～15%,过磷酸钙或钙镁磷肥0.2%,拌匀堆制备用;播种前用800倍多菌灵或甲基托布津液对营养土消毒,营养钵采用8厘米×12厘米,或者10厘米×10厘米的塑料钵。

(2)苗床准备

在大棚一边或一侧选取15～20平方米作为苗床,每亩大棚需健壮瓜苗,西瓜一般800～1000株,甜瓜无支架栽培700株左右,支架栽培1000株左右。育苗前苗床底部用敌百虫800倍液浇注。

3. 适时播种

(1)种子处理

在30℃温度下浸种4小时,常温下9小时,用透气性好的湿纱布包裹好置于30℃的恒温下催芽,24小时后种子露白,40小时后种子发芽。

(2)播种要求

于12月下旬播种。种子催至露白后,及时播种,每钵(袋)1粒,种子要平放(或斜放),芽朝下,种子上覆盖营养土1厘米为宜,播后喷水至营养钵全湿,盖地膜保温保湿。未露白的种子继续催芽备播。

4. 苗期管理

当小苗出土时应及时揭去地膜以免压苗烧苗,并注意水分管理。晴天温度高时,注意开棚通气,连绵阴雨低温天气应注意加温保温。三叶一心时为定植适期,要提前4天追一次肥(即用复合肥水灌根),喷1次保护性杀菌剂,做到带肥带药定植。苗期管理最重要的是水肥管理,防止徒长,防止高脚苗。

5. 定植要求

(1)整地作畦

定植前5天,整理好棚内瓜畦,每亩施腐熟农家肥2吨,三元复合肥30公斤,过磷酸钙40公斤,基肥在畦中间开沟深施。6米宽的大棚作4畦墒面,沟宽35～40厘米,畦墒高20～25厘米,注意覆盖好地膜,以提高土温。

(2)定植

瓜苗在苗床长至三叶一心时即定植,按西瓜每亩 800 株左右、甜瓜每亩 700~1000 株,采用宽窄行三角式移栽,小行距 30 厘米、株距 45 厘米,移栽时在地膜上按行株距打孔,脱去塑料袋带土定植,地膜洞边要用土覆盖严实,栽后浇足定根水,在光照弱、温度低时注意保温、增温。

6. 整枝技术

(1)西瓜整枝

一般采用双蔓整枝,即在小苗长到 3~5 片真叶时进行摘心,子叶基部抽发的侧蔓及时抹除,真叶基部抽发的 3 支侧蔓长到 15~20 厘米时剪除最弱的 1 蔓,留下长势较强的 2 蔓;坐果节位应安排在第 12~18 节之间的第二朵雌花,每蔓只留 1 果,坐果节位次下的孙蔓全部摘除,以上的孙蔓为防止过分拥挤遮阴也要适当整枝,30~35 叶时打顶。

(2)甜瓜整枝

采用双蔓整枝,即在小苗长到 4~5 片真叶时进行摘心,当侧蔓长到 15~20 厘米时留下长势较强、生长基本一致的 2 蔓,剪除余蔓,当两支枝蔓长到 50 厘米以上,将 4 节以下孙蔓全去除,4 节以后孙蔓第 1 叶节上有雌花则选留 4~5 条相邻孙蔓 2 叶摘心作为结果蔓;留果以 1 蔓留 2 果为好,坐果节位 8~10 节为好。

整株要选择晴天露水干后集中进行,为防伤口感染,整枝时应用托布津或多菌灵喷雾。

7. 光、温水、肥管理

西(甜)瓜对光照条件较严,充足的光照植株健壮,株型紧凑,节间和叶柄较短,蔓粗叶厚;西(甜)瓜耐热不耐低温,生长适温应控制在 18~32℃,超过 35℃要通风降温,土温不低于 15℃,棚内气温一般保持在白天 25~30℃,晚上 18℃以上;在开花期和果实膨大期需进行适量灌水,果实成熟期停止灌水。施肥主要采用施足基肥,前期长势好不必施追肥,进入膨瓜期后叶面喷施钾、硼、钙肥2～3次,以提高甜度和品质。

8. 拉线引蔓

采用尼龙绳成包装袋垂直搭架,搭架高2米左右,把绳线剪成2.5米长,一头拴吊在棚架上拉好的铁丝上,另一头拴在西(甜)瓜蔓第4～5节位,牵引瓜蔓向上攀升。

9. 人工授粉

在选留好的第12～18节位的第二朵雌花开放时,于上午9～10时,采用当天开放的雄花剥去花瓣,将花粉小心地沾到雌花柱头上,并做好授粉日期标记为成熟采收作标准。

10. 选瓜吊瓜

授粉后5天左右,观察是否坐住果,未坐住的在第三雌花授粉,每蔓留1果,当幼果长到鸡蛋大小时去除低节位瓜、畸形瓜、病瓜和多余的瓜。直至瓜长到0.5公斤左右,用网袋或吊兜吊瓜,以防落瓜。

11. 病虫害防治

(1) 主要病害有白粉病、霜霉病、炭疽病和枯萎病等。可用粉锈宁、绿亨一号、灰霜清、杀毒矾、多菌灵、百菌清、代森锰锌、世高等化学农药来防治。

(2) 主要虫害有蚜虫和瓜绢螟,应做好清园,减少虫源。可用马杀、毒蚜和乐斯本喷雾防治。

12. 适时采收

授粉时做下的标记是采收的标准。不同品种开花后的推算日数不同,早熟种一般开花授粉后28天成熟,晚熟种开花授粉后40天才成熟。用剪刀在结瓜部位将瓜蔓一起剪断带上1～2片叶,以早晨采收为好。

（三）后茬晚稻栽培

1. 品种选择

育秧移栽稻，可选用中熟晚粳秀水 114、秀水 134 等；直播种植可选用特早熟晚粳秀水 417、秀水 03 等。

2. 适时播栽

移栽晚稻可根据西（甜）瓜收获期定播、栽期，控制秧龄 25～30 天，严格控制最迟播种期限为 6 月下旬，大田亩用种量 6 公斤。直播稻（特早熟品种）于 7 月 15 日前播种，亩用种量 5 公斤。

3. 合理密植

移栽田规格为 4 寸×4.5 寸，亩插 3.33 万丛，亩基本苗为 12 万苗。直播田亩基本苗为 10 万～12 万，注意匀播，秧苗四叶期匀苗补缺。

4. 科学施肥

瓜后稻田肥力较高，应适当控制氮肥施用，亩用尿素总量 20～25 公斤，钾肥 7.5 公斤，并注意后肥不可过重，以防倒伏、影响结实。

5. 注意病虫草害防治及水浆管理

根据病虫情报及时抓好药剂防治，并注意直播田块的杂草防除。抓好护苗、促蘖、控秆（适时搁田）、防倒伏等水浆管理。10 月下旬成熟适时收割。

三、注意事项

1. 大棚栽培应选择向阳、避风、土壤肥沃、排灌、运输便利的田块。

2. 冬春季气温变化较大，应加强大棚内温湿度的调控，遇连续低温阴雨天气，需增人工光照、做好保温工作，防止病害发生。

3. 西（甜）瓜不宜连作，应与水稻或其他作物隔年轮作。

第三节 大棚瓠瓜、茄子—晚稻 "万元千斤"种植模式

一、经济效益

据近年蔬菜基地村实施结果,大棚蔬菜(瓠瓜、茄子)—晚稻种植模式全年平均亩收入达到10600元,扣除亩成本2700元,亩净收入7900元;平均晚稻亩产量575公斤左右。其中,上半年大棚蔬菜平均亩产量4000公斤左右,亩收入9500元,亩成本2200元,亩净收入7300元。下半年晚稻平均亩产量575公斤,亩收入1300元,亩成本500元,亩净收入800元。大棚瓠瓜(地蒲)、茄子收获在6月份结束,不影响晚稻生长季节,土壤条件有利后作水稻高产;水旱轮作有效消除土壤中的障碍因子,改善了作物生长条件,实现高产高效,良性循环。

二、技术要点

大棚栽培瓠瓜于11月上旬播种育苗,12月上旬晚稻收割后定植,翌年6月下旬采摘完成。大棚栽培茄子于9月下旬播种育苗,12月上旬晚稻收割后定植,翌年6月下旬茄子采摘完成。接种晚稻,晚稻用晚粳中熟品种,6月初播种,7月上旬移栽有利于高产。晚稻也可用特早熟品种秀水03、秀水417于7月上旬直播。

(一)大棚瓠瓜栽培

1. 品种选择

品种可以选择较耐低温、耐弱光、早熟、优质高产品种——杭

州长瓜、浙蒲2号等。

2. 播种育苗

（1）适时播栽

于11月10日左右播种，12月5～10日移植，秧龄25～30天。

（2）播前准备

①营养钵准备：每亩准备营养钵750只，规格直径8厘米，高10厘米。

②营养土配制与消毒：每1000公斤土壤（采用两年以上未种过瓠瓜的田土或菜园土）加腐熟有机肥50～60（干）公斤，过磷酸钙0.5%，多菌灵600倍液喷拌堆制两个月以上。

③种子浸种催芽：用55℃温水浸种10～15分钟，清水再浸种5～6小时，放在温室内催芽，露白后短芽播种。

（3）育苗措施

①播种方法：采用一钵1籽、种子平放或斜放，芽朝下，营养土过筛与苗菌敌拌匀后覆盖，以盖没种子为宜，一般厚度为1厘米左右。

②苗床管理：播种后表面加覆盖物保温保湿促出苗，白天温度保持25～30℃，夜间15～20℃，相对湿度95%为宜。出苗后揭除覆盖物，并逐步降低温度以抑制下胚轴伸长。第一片真叶展开后白天保持25～28℃，夜间16～20℃，以促进其生长，并注重光照条件，移栽前5～7天适当降温炼苗。

3. 大田准备

（1）施足基肥

每亩施入腐熟有机肥1000公斤，复合肥50～75公斤。

（2）翻耕作畦

施肥翻耕后作畦，一般畦宽3～3.25米。

（3）搭棚盖膜

搭建三层棚架(即钢架大棚、毛竹内大棚、小拱棚,覆盖四层棚膜,即二层大棚膜、一层中膜、一层地膜再加草帘)。为三棚四膜一帘模式。

4. 定植要求

(1) 定植时间

于 12 月上旬定植,冬春栽培苗龄 25～30 天,真叶 2.5～3 片。

(2) 定植密度

爬地栽培每亩 700 株左右。

(3) 定植方法

定植前营养钵浇足水,定植时脱钵带土,并使营养土与土壤紧密结合,钵面与畦面相平,上不覆土,地膜洞边用土封严,定植后浇点根水促苗成活早发。

5. 大田管理

(1) 覆盖方式

冬春栽培,根据播种,定植时期采用三棚四膜或二棚三膜加草帘等多层覆盖方式保温栽培。

(2) 温光管理

缓苗前大棚基本不通风,保温保湿促成活,白天温度保持在 25～30℃,夜间 15℃以上;当棚内温度达到 35℃时,应通小风防烧苗;缓苗后到坐果前适当通风增加光照,光照宜在 8 小时以上,并适当控温降湿防徒长,白天温度保持 28～30℃,夜间 18～20℃;结果后防止温度过高,白天控制棚内温度不超过 35℃,夜间不低于 15℃。

(3) 整枝技术

当主蔓长到 5 片真叶时摘心。留蔓方法:每株留三蔓整枝。

(4) 选择坐瓜节位

支蔓 5～6 叶留瓠瓜,一蔓一瓜。

(5) 保花保果

在选留节位的雌花开放当天上午 9 时前,下午 5 时以后,用刚开的雄花进行人工授粉,低温时开的雄花无花粉或少花粉,可用植物生长调节剂早瓜灵(每支加 0.5 公斤水,看天气、温度灵活掌握)处理。

(6)瓠瓜选留

瓠瓜结瓜后,进行选瓜,除去畸形瓜保留生长正常的幼瓜,当第一批瓠瓜长到好采摘大小前,再留第二批幼瓜,以此类推。

(7)肥水管理

在施足施好基肥的基础上,看苗施好追肥,一般 10～15 天一次,用 0.6％浓度的甲宝＋0.5％尿素搅匀后浇施,要求离根部浇施。

6. 病虫害防治

(1)防治原则

按照"预防为主,综合防治"的植保方针,掌握以"农业防治和生物制剂控制为主,减少化学防治,提倡物理防治"的无害化治理原则。

(2)主要病虫害

①主要病害有猝倒病、立枯病、枯萎病、蔓枯病、细菌性斑病、白粉病、病毒病等。

②主要虫害有地老虎、蚜虫、蓟马等。

(3)防治措施

①农业防治:选用抗病品种,实施水旱轮作或不同类型蔬菜品种间轮作,增施有机肥和磷钾肥,提高植株抗病能力,清洁田园,及时摘除病、老叶,减少传播源,避免再次侵袭。

②物理防治:通过采用覆盖塑料薄膜,调节棚内小气候,避雨、防虫,减轻病虫害发生,并通过晒种,温水浸种措施杀灭种子所带的病原菌和虫卵,切断种子传播途径,利用盛夏土壤休耕时灌水密封棚膜,高温闷棚一周,消灭土壤中的病虫害。

③生物防治:保护和利用天敌,如食蚜蝇、赤眼蜂等,利用生物农药防病治虫,可选用苏云金杆菌(BT)、菜喜、农抗120、农用链霉素等药物。

④化学防治:根据病虫害发生情况,按照病虫的不同种类及发生规律,选用高效低毒、低残留农药防治,根据防治指标和安全间隔期,尽量减少农药的使用次数和用药量,减少对瓠瓜和环境的污染。

7. 采摘收获

一般在3～6月中旬,分批多次采摘。

(二)大棚茄子栽培

1. 选用良种

选择较耐低温、耐弱光、果型粗长的早熟、优质高产品种杭茄1号、引茄1号、杭丰1号、冠王等。

2. 播种育苗

(1)苗床选择

选择排水良好、背风向阳、两年以上未种过茄子的地块,在大棚或中棚内育苗。

(2)制钵要求

①规格:营养钵规格直径8厘米,高10厘米。

②数量:每亩大田准备2000～2400只营养钵。

③营养土准备:每1000公斤土壤(两年以上未种过茄子的稻田土或菜园土)加充分腐熟的厩肥50公斤,12％过磷酸钙2公斤拌匀,堆制两个月以上,干湿程度以手捏成团,落地即散为佳。

④苗床制作与营养钵排放:苗床底部用营养土垫平,四周做好围岸,并用薄膜封实。营养钵装土以钵面平整为标准,高低一致,排钵紧密齐整。

(3)播种措施

①播种时间:9月20～30日左右。

②浇足底水:播种前将营养土用水浇透。

③播籽:将种子均匀地播于苗床。

④盖土:播种后用过筛细土均匀盖籽,厚度 0.5 厘米,以盖没种子为度,并用苗菌敌兑水浇施。

⑤加盖覆盖物:盖籽后畦面放少些已消毒的稻草作隔层物,然后用新地膜覆盖,保温保湿促出苗。

⑥苗床管理:出苗前保持 25～30℃的土温和 95％空气相对湿度促进出苗,80％的种子萌芽出土后揭除覆盖物,并逐步降低棚内温度(白天 20～25℃,夜间 16～18℃)。以抑下胚轴伸长,第一真叶展开后,注意通风透光,适当调控温度(白天 26～28℃,夜间 16～18℃),以促进健壮生长,移植前适当降温炼苗,并喷施一次多菌灵防猝倒病和立枯病。

(4)假植时间

(幼苗移栽到营养钵称假植)当幼苗秧龄 30 天左右,长到 3～4 片真叶时,需从苗床移植到营养钵,每钵一苗,假植后浇水促成活。假植时间 10 月 20～30 日左右,假植期秧龄 25～45 天。

3.大田准备

(1)施足基肥

定植前半个月撒施基肥,每亩施腐熟有机肥 1000～1500 公斤,氮磷钾总含量 45％的三元复合肥 50 公斤。

(2)翻耕作畦

将土壤翻耕耙匀,定畦。以畦宽 1.2 米,沟宽 30 厘米,畦面平整,畦高 20 厘米为宜,畦长根据大棚长度而定。

(3)搭棚盖膜

冬春栽培应在定植前 7～10 天搭好棚,要求搭建三棚(钢棚、内竹棚、小拱棚三层棚架)并盖好棚膜,铺设地膜,以提高地温,设施栽培模式为(三棚四膜一帘)。

4.大田定植

（1）定植时间

掌握苗龄 55～75 天，约七八片真叶时定植。定植时地表下 10 厘米处土温宜稳定在 15℃以上。

（2）定植密度

每亩定植 1800～2200 株，一般规格行株距 60 厘米×40 厘米或 60 厘米×50 厘米，畦宽 1.2 米，定植二行。

（3）定植方法

定植前营养钵浇足水，定植时脱钵带土，并使营养土与土壤紧密结合，钵面与畦面相平，上不覆土，地膜洞边用土封严，定植后浇点根水促苗成活早发。

5. 大田管理

（1）覆盖方式

冬春栽培根据播种、定植时间要求采用三棚四膜一帘或二棚三膜一帘多层覆盖方式保温栽培。

（2）温光管理

缓苗前大棚基本不通风，保温保湿促成活，白天温度保持在 25～30℃，夜间 15℃以上，光照宜 8 小时以上；当晴天棚温达 35℃以上时，应通小风调温防烧苗；缓苗后适当通风增加光照，控温降湿防徒长，结茄后防止温度过高，白天控制棚内温度不超过 35℃，夜间不低于 15℃。

（3）整枝摘叶

整枝：保留头档花以下第一个分支，其余分支全部摘除。摘叶：生长期摘除黄叶、病叶，减少二次传染源。生长旺盛期摘除过密的叶，有利于通风透光，增强抗病、抗逆性。

（4）保花保果

一般用红茄灵 500 倍（0.5 公斤水＋1 毫升红茄灵）浓度，浸花或喷花。一般前期浸花为主，后期可采用喷花方式保花保果。高温时浓度可适当降低。

（5）肥水管理

在施足基肥的基础上，看苗补施追肥。基肥：每亩施有机肥1000～1500公斤，三元复合肥每亩50公斤左右。追肥：氮磷钾三元复合肥浇施，浓度0.8%；甲宝浇施，浓度0.2%。宜低浓度，薄肥勤施。

6. 病虫害防治

（1）防治原则

按照"预防为主，综合防治"的植保方针，掌握以"农业防治和生物制剂控制为主，减少化学防治，提倡物理防治"的无害化治理原则。

（2）主要病虫害

主要病害有猝倒病、枯萎病、灰霉病、病毒病、斑点病。主要虫害有蚜虫、红蜘蛛、茶黄螨（后期）等。

（3）防治措施

①农业防治：选用抗病虫品种，实施水旱轮作，不同类型品种轮作，增施有机肥和磷钾肥，提高植株抗病能力；及时摘除病、老叶，减少传播源，避免再次侵染。

②物理防治：设施防护，采用覆盖塑料薄膜等调节棚内小气候，避雨，防虫，减轻病虫害的发生。采用高温消毒，通过晒种、温汤浸种措施杀死种子所带的病原菌和虫卵，切断种子传播途径；利用盛夏季节，大棚作物栽培结束时，田间灌水高温闷棚一周，消灭土壤中的病虫害。

③诱杀害虫：利用频振式杀虫灯诱杀害虫。

④生物防治：保护和利用害虫天敌，如食芽蝇、赤眼蜂等。利用生物农药防病治虫，可选用苏云金杆菌（Bt）、菜喜、农抗120、农用链霉素等。

⑤化学防治：根据大棚茄子病虫害的发生情况，按照病虫的不同种类及其发生规律，选用高效低毒低残留农药防治，禁止使用高

毒高残留农药。根据防治指标和安全间隔期,尽量减少农药的使用次数和用药量,减少对茄子和环境的污染。

7. 采摘收获

根据不同茄子品种生长特性,适时采收上市。

(三)后茬晚稻栽培

1. 翻耕整地

6月下旬瓠瓜、茄子采收结束后,抓紧清理枝蔓,无病虫嫩叶还田,作为对水稻的有机肥投入,及时灌水翻耕。

2. 品种选择

育秧移栽稻,可选用中熟晚粳秀水114、秀水134等;直播种植可选用特早熟晚粳秀水03、秀水417等。

3. 适时播栽

移栽晚稻于6月初播种(根据瓠瓜、茄子收获结束期定迟早),控制秧龄25～30天,大田亩用种量6公斤,6月底至7月初移栽。直播稻(特早熟品种)于7月15日前播种,亩用种量5公斤。

4. 合理密植

移栽田规格4寸×4.5寸,亩插3.33万丛,亩基本苗12万苗。直播田亩基本苗10万～12万,注意药剂浸种,均匀播种,播后田土保持湿润,秧苗四叶期疏密补稀。

5. 科学施肥

瓠瓜、茄子后作稻田遗留肥力较高,要适量控制氮肥用量,亩用尿素总量20～25公斤,钾肥7.5公斤,并注意后肥不可过重,以防影响结实率、倒伏。

6. 注意病虫草害防治及水浆管理

根据病虫情报及时抓好药剂防治,并注意直播田块的杂草防除。抓好护苗、促蘖、控秆(搁田)、防倒、防衰等水浆管理。11月上旬成熟适时收割。

三、注意事项

1. 大棚栽培应选择向阳、避风、土壤肥沃、排灌方便、运输便利的田块种植；

2. 冬春季加强大棚内温湿度的调控，防止病虫害发生；

3. 瓠瓜、茄子不宜连作，应与水稻或其他旱杂粮进行两年轮作。

第四节 大棚西（甜）瓜—晚稻
"万元千斤"种植模式

一、经济效益

据近年数据，大棚西瓜一般平均亩产 2100 公斤左右，按市场价每公斤 4.5 元计，亩经济收入达 9500 元，亩成本 1600 元，亩净收入 7900 元。大棚甜瓜平均亩产 2700 公斤左右，按市场价每公斤 4.3 元计，亩经济收 11600 元，亩成本 2700 元，亩净收 8900 元。后茬晚稻平均亩产 550 公斤，按晚稻谷每公斤 2.4 元计，亩收入 1320 元，亩成本 500 元，亩净收入 820 元。大棚西（甜）瓜—晚稻模式全年亩净收入 8700～9700 元左右，产粮 550 公斤，达到粮经双丰收。大棚西（甜）瓜提早上市，效益较高；晚稻不误农时可获高产稳产。水旱轮作有利于改良土壤，减轻病虫害。

二、技术要点

大棚西(甜)瓜,于12月中旬至翌年2月播种,营养钵育苗,1月下旬至3月上旬移栽。经设施大棚保温栽培,早栽的4月中旬第一批瓜抢早上市,5月、6月第二、三批瓜上市,6月下旬采收结束,接茬晚稻,7月上旬移栽或直播,10月底至11月初成熟收获。

(一)西瓜栽培

1. 品种选择

冬春季大棚栽培宜选择优质、抗病、高产、耐低温、耐弱光的小型瓜品种,如:小兰、早春红玉、春光,中型品种早佳(84—24)等。

2. 田块选择与消毒

实生苗栽培宜选择土壤肥沃、干燥、排水条件良好,近5年无种植西瓜史的前茬水稻田块。前茬收获后应深翻风化土壤。近5年有种植西瓜史并进行实生苗栽培的田块应在前茬收获后及时用甲醛等消毒剂泼浇畦面或定植前浇定植穴消毒。

3. 常规育苗

(1)确定播种期

冬春茬大棚西瓜宜在1月份播种(根据需要确定迟早)。

(2)播种前准备

①苗床选择及建造:选择排水良好、避风向阳、无病虫害(5年未种西瓜)的田块做育苗大棚,覆无滴长寿膜保温,制成电加温苗床。电加温线按每平方米120W配制。

②营养钵准备:每亩大田准备营养钵600～800只。冬春季宜选择直径为8厘米、高为10厘米的营养钵。

③营养土配制:取1000公斤土壤(稻田土或5年未种过西瓜的菜园土)加充分腐熟厩肥50公斤,氮磷钾含量各15%的复合肥1～2公斤拌匀,堆置半个月以上,制成营养土(手捏成团、落地能

散）为宜。土壤湿度为田间持水量的 60％～80％。装营养土入钵至钵口 1 厘米处，钵面平整，排钵紧密齐整，底部垫平。播种前二三天用恶霉灵、多菌灵等药剂浇透营养土消毒。

（3）浸种催芽

种子用 55℃温水浸种 10～15 分钟，边浸边搅拌，降至室温后再浸种 2、3 小时。将浸种后的种子捞出，搓洗干净，沥干水，用透气性好的湿纱布包裹好置于 28～30℃条件下催芽，待 80％种子露白时即可播种。每亩用种量 600～800 粒。

（4）播种要求

一钵 1 籽，种子平放，芽头略向下，上覆 1 厘米左右厚的肥沃细土（可用苗菌敌等药剂配成的药土）。并喷水至营养钵全湿。

（5）苗床管理

播种后苗床面加覆盖物控温保湿促出苗，白天温度保持在 25～30℃，夜间 20～25℃，相对湿度以 95％为宜；出苗后揭除覆盖物，并逐步降低温度，白天保持在 22～26℃，夜间 16～18℃，以抑制下胚轴伸长；第一真叶展开后，白天保持在 25～28℃，夜间 16～20℃，以促进生长，并改善光照条件；移栽前 5～7 天降温炼苗，并喷一次广谱性农药防病。

4．嫁接育苗

（1）砧木品种选择

应选择用嫁接亲和性好，对品质影响小的嫁接砧木品种，如杂交葫芦。

（2）砧木苗播种

早春栽培砧木苗比接穗提前 15～20 天播种。

（3）砧木苗管理

嫁接前视砧木苗营养钵土湿润情况酌情浇水，用 75％达克宁、58％雷多米尔等农药喷雾杀菌防病。

（4）嫁接方法

接穗苗出苗后1～2天即进行嫁接,采用斜插接方法。早春宜选择在晴天进行。

(5)嫁接苗管理

将嫁接完毕的营养钵排于苗床,迅速加盖小环棚保温保湿(温度控制在23～25℃,湿度95％以上),并覆盖遮阳物遮阳光。待伤口愈合后,温度保持在25～28℃,并逐渐去掉遮阳物,适当揭膜放风。放风时,如出现萎蔫现象,可适当在叶面上洒水补湿。待接穗明显成活后,可逐渐加大通风透光量直至恢复正常的苗期管理。

5．大田准备

(1)施足基肥

定植前半个月撒施基肥。每亩施入腐熟厩肥1～2吨,氮、磷、钾总含量8％的生物有机肥50～100公斤。

(2)翻耕作畦

将土壤翻耕耙匀、定畦。以畦宽2.8～3米(连沟),畦面龟背形,畦高25厘米为宜。畦长根据棚长度而定。

(3)防草害

冬春季用双色地膜或普通地膜覆盖防草害,并用都尔除草剂除草。定植前2～3天,每亩用都尔100～150毫升,加入100～150公斤水配成溶液喷洒畦面,喷后用地膜覆盖以提高药效。

(4)搭棚盖膜

冬春栽培应在定植前7～10天搭好拱棚,盖好棚膜,铺好地膜以提高地温。

6．定植要求

(1)定植时间

冬春栽培,在苗龄30～35天,3～4片真叶时定植。定植时地表下10厘米处土温宜稳定在15℃以上,可采取多层覆盖调控温度。

(2)定植密度

一般爬地栽培密度每亩定植 500～700 株。

（3）定植方法

定植前营养钵浇足水。定植时脱钵带土，并使营养土与土壤紧密结合，钵面与畦面相平，上不覆土，地膜洞边用土封严。定植后浇点根水促苗早发。

7．大田管理

（1）覆盖方式

冬春栽培，根据播种、定植时期，采用三棚四膜一帘等多层覆盖方式保温栽培。

（2）温光管理

冬春栽培，缓苗前大棚基本不通风，保温保湿促成活，白天温度保持在 25～30℃，夜间 15℃以上，光照宜 8 小时以上，当棚温达 35℃以上时，应通小风防烧苗；缓苗后到坐果前适当通风增加光照，控温降湿防徒长，白天温度保持在 28～30℃，夜间 18～20℃，坐果后防止温度过高，白天控制棚内温度不超过 35℃，夜间不低于 15℃。

（3）整枝要求

当主蔓长到 4、5 片真叶时摘心。待子蔓长至 15 厘米时，选留 3 条长势较好的子蔓，摘除其余子蔓。第一真叶位的子蔓不宜留，以免发生偏蔓不易坐瓜。子蔓长至 50～70 厘米时，应摘除孙蔓，留瓜部位前不留孙蔓，坐果节位后的孙蔓适当选留。也可采用一主二侧三蔓整枝法，即主蔓不摘心，并选择两侧生长健壮的子蔓各留一蔓，其余子蔓在主蔓第一雌花开放时摘除，子蔓坐果前摘除孙蔓，坐果后的孙蔓视植株长势情况选留。

（4）选择坐果节位

视不同长势选择子蔓（或主蔓）的不同节位的雌花结果，长势旺盛的品种选第一雌花位坐果，反之选第二雌花位坐果。

（5）保花保果

在选留节位的雌花开放当天上午 7:00～9:00 时,采摘刚开的雄花进行人工授粉,授粉后做好日期标记。低温或高温时开的雄花无花粉或少花粉,可用植物生长调节剂早瓜灵处理。

(6)选瓜与垫瓜

果实长至鸡蛋大小时,进行选瓜,除去畸形瓜,将留下来的瓜用塑料泡沫瓜垫进行垫瓜。

(7)肥水管理

在施足施好基肥的基础上,看苗巧施追肥,重点施好膨瓜肥并结合浇水,采摘前一星期控制浇水。早春栽培注意防止后期早衰。

8. 病虫害综合防治

(1)防治原则

按照"预防为主,综合防治"的植保方针,掌握以"农业防治和生物制剂控制为主,减少化学防治,提倡物理防治"的无害化治理原则。严格执行 GB4285、GB/T8231(所有部分)规定。

(2)主要病害

主要病害有猝倒病、立枯病、炭疽病、枯萎病、蔓枯病、细菌性角斑病、白粉病、病毒病。

(3)主要虫害

主要虫害有蚜虫、红蜘蛛、潜叶蝇、蓟马、斜纹夜蛾、甜菜夜蛾。

(4)防治措施

①农业防治:选用抗病虫品种,瓜田选择近五年无种瓜史的田块或进行嫁接栽培;增施有机肥和磷钾肥,提高植株抗病能力;清洁田园,及时摘除病、老叶,减少传播源,避免再次侵染。

②物理防治:通过采用覆盖塑料薄膜,调节棚内小气候,避雨、防虫,减轻病虫害的发生。高温消毒,通过晒种、温汤浸种措施杀死种子所带的病原菌和虫卵,切断种子传播途径;利用盛夏土壤休耕时灌水高温闷棚一周,消灭土壤中的病虫害。诱杀害虫,利用频振式杀虫灯诱杀害虫。每 2 万～3 万平方米点一盏灯,从 5 月上

旬开始至 9 月中旬结束,诱杀夜蛾科害虫。

③生物防治:保护和利用害虫天敌,如食芽蝇、赤眼蜂等。利用生物农药防病治虫。可选用苏云金杆菌(Bt)、菜喜、农抗 120、农用链霉素等。根据小型西瓜病虫害的发生情况,按照病虫的不同种类及其发生规律,选用高效低毒低残留农药防治,禁止使用高毒高残留农药。

④化学防治

猝倒病　猝倒病的防治可选用下列药剂中的一种:65％代森锌可湿性粉剂、58％甲霜灵锰锌可湿性粉剂、25％多菌灵可湿性粉剂和 50％甲基硫菌灵可湿性粉剂等。

立枯病　化学防治用下列药剂中的一种:50％腐霉利可湿性粉剂、50％甲基硫菌灵・乙霉灵可湿性粉剂,40％百菌灵清・二氯异氰脲酸可湿性粉剂等。

炭疽病　化学防治可选用下列药剂中的一种:40％百菌灵清・二氯异氰脲酸可湿性粉剂、58％甲霜灵锰锌可湿性粉剂、25％多菌灵可湿性粉剂、50％甲基硫菌灵可湿性粉剂和 65％代森锌可湿性粉剂等。

蔓枯病　化学防治可选用下列药剂中的一种:50％异菌脲可湿性粉剂、25％多菌灵可湿性粉剂和 50％甲基硫菌灵可湿性粉剂。

枯萎病　定植后至发病前药液灌根于定植后 20～25 天开始灌根 2～3 次,间隔 10～15 天灌 1 次,每株灌药液 500 毫升。可选用 15％三唑酮(粉锈宁)可湿性粉剂＋50％多菌灵可湿性粉剂＋水,配成 1∶2∶1000～1500 倍液;或 40％根腐宁可湿性粉剂 600～800 倍液;30％苗菌敌可湿性粉剂 800 倍液;25％卡菌丹可湿性粉剂 600～800 倍液,进行灌根。

病毒病　化学防治可选用下列药剂中的一种:7％氢氧化铜可湿性粉剂和 78％波・锰锌可湿性粉剂等。

白粉病　化学防治可选用下列药剂一种：30％氟菌唑可湿性粉剂、7％氢氧化铜可湿性粉剂、3％甲酚·愈创木酚可溶性液剂、78％波·锰锌可湿性粉剂和1％多抗霉素水剂等。

细菌性角斑病　开始发现病株时，喷洒30％DT杀菌剂500～600倍液（300倍液有药害）、200单位农用链霉素（100单位的农用链霉素1支加水5公斤）、70％DTM500～600倍液、70％甲霜铝铜250倍液和瑞毒铜600倍液。此外还有铜皂液600～800倍液、50％代森锌1000倍液、1：2：300～1：2：400倍的波尔多液，每7～10天喷1次，连续喷2、3次。

蚜虫　化学防治可选用下列药剂中的一种：40.7％毒死蜱乳油、10％吡虫啉可湿性粉剂和0.6％阿维菌素乳油等。

红蜘蛛　化学防治可选用下列药剂中的一种：20％吡虫啉·噻嗪酮可湿性粉剂和15％哒螨灵乳油等。

潜叶蝇　化学防治可选用下列药剂中的一种：40.7％毒死蜱乳油、10％吡虫啉可湿性粉剂、0.6％阿维菌素乳油和44％霉·氯乳油等。

地老虎　化学防治可选用下列药剂中的一种：5％氟啶脲乳油、2％阿维菌素·辛硫磷乳油和4％阿维叮虫脒乳油等。

蓟马　化学防治可用10％吡虫啉可湿性粉剂1500倍液，或10％吡虫啉可湿性粉剂，吡虫清1500倍液复配2.5％阿维菌素乳油，或用啶虫脒复配2.5％阿维菌素乳油。

9. 适时采收

授粉时做下的标记是采收的标准。不同品种开花后的推算日数不同，早熟品种一般开花授粉后28天成熟，晚熟品种开花授粉后40天才成熟。用剪刀在结瓜部位将瓜蔓一起剪断带上1、2片叶，以早晨采收为好。

（二）大棚甜瓜栽培

1. 品种选择

冬春大棚栽培应选择早中熟、优质、高产、抗病、耐寒性强的品种,如西薄洛托、玉姑、三雄 5 号、蜜天下、王子金玉、翠绿等。

2. 大棚设置

大棚搭建在两年未种过甜瓜,地下水位低、土壤通透性好、有机质含量高的稻田上,采用标准钢管大棚或自行设置竹大棚,跨度 4.5～7 米,高 1.8～2 米,长度视地块而定,但从冬春季保温效果看,以 40～60 米为好。冬春栽培,根据播种、定植时期,采用三棚四膜一帘等多层覆盖方式保温栽培。

3. 育苗准备

(1) 配制营养土

取 2 年以上未种过瓜类作物的菜园土或稻田土 1000 公斤,加充分腐熟的有机肥 50 公斤,过磷酸钙或钙镁磷肥 2 公斤,拌匀堆制 30～60 天备用;播种前用 800 倍多菌灵或托布津液对营养土消毒,采用 8 厘米×12 厘米或 10 厘米×10 厘米的塑料营养钵装土至钵口下 1 厘米。

(2) 苗床准备

在大棚一边或一侧选取 15～20 平方米作为苗床,可制成电热式苗床,电热丝配备 120 瓦/平方米。育苗前苗床底部用敌百虫 800 倍液浇注。苗床底部用腐熟厩肥填平,四周做好围岸,并用薄膜封实,钵面平整。每亩大棚需备钵 700～800 只。

4. 适时播种

(1) 种子处理

在 30℃温度下浸种 15 分钟,加冷水至室温,再浸种 2～3 小时,用透气性好的湿纱布包裹好置于 28～30℃的条件下催芽,待种子露白后即可播种。

(2) 播种要求

于 12 月中下旬至翌年 2 月播种(根据需要)。种子催至露白后,及时播种,每钵(袋)1 粒,种子要平放(或斜放),播后覆盖营养土厚 0.5～1 厘米为宜,并喷水至营养钵全湿,加覆盖物保温保湿,促全苗。未露白的种子继续催芽备播。

5. 苗期管理

出苗前保持温度 30～35℃,当小苗 50％出土时及时揭去覆盖物以免压苗烧苗,并注意水分管理。晴天温度高时,注意通气;连绵阴雨低温天气,注意加温降湿。出苗时控制温度在 30℃左右,出苗后适当降温;第 1 真叶抽生时,白天控制在 25～28℃,夜间 16～18℃。3 叶 1 心时(秧龄 25～30 天)为定植适期,定植前 4 天追 1 次肥(即用复合肥水灌根),喷 1 次保护性杀菌剂,做到带肥带药定植。苗期管理最重要的是水肥管理,防止徒长,防止高脚苗。

6. 定植要求

(1) 整地作畦

定植前 30 天,全棚深翻 30 厘米,做畦、翻耕时,每亩用 N、P_2O_5、K_2O 总含量 15％生物有机肥 120 公斤,或 N、P_2O_5、K_2O 各含 15％的三元复合肥 40～50 公斤全层撒施。一般 6 米宽的大棚作 2 畦墒面(连沟),沟宽 30 厘米,畦墒高 20～25 厘米。定植前一周在瓜苗植行上开 30 厘米的沟埋施腐熟厩肥,每亩 2、3 吨,三元复合肥 20 公斤。然后覆盖地膜,提高土温。

(2) 定植

瓜苗在苗床长至 3 叶 1 心时即定植,采用宽窄行三角式移栽,小行距 30 厘米,株距 45 厘米,亩栽苗(无支架)700～800 棵,定植前一二天在地膜上按行株距打穴,注意移栽前用多菌灵等药剂浇种植穴。并浇足点穴水 0.3～0.5 公斤使苗湿润,定植时脱钵带土定植,营养钵土面应略高于畦面 1 厘米,地膜洞边要用土覆盖严实,栽后看天气浇好适量的定根水,在光照弱、温度低时注意保温、增温。

7. 整枝技术

(1) 整枝。当主蔓长到 4 叶 1 心时(真叶)进行摘心,一般采用双蔓整枝,当侧蔓长到 15～20 厘米时留下长势较强、生长基本一致的 2 蔓,剪除余蔓,当 2 枝蔓长到 23～28 叶时摘心,子蔓坐果节位之前孙蔓及时打掉,坐果节位后孙蔓留两叶摘心。整枝要选择晴天露水干后集中整枝,为防伤口感病,整枝后用托布津或多菌灵喷雾。

(2)坐果节位

第一批坐果选择子蔓 8～11 节的孙蔓着生的雌花结果为宜。第二批坐果:选择子蔓 18 节后的孙蔓上着生的雌花结果。

(3)留果数量

每株留 2～4 果。坐果 15～20 天及时翻瓜、垫瓜。

8. 光温水肥管理

(1)光照

甜瓜对光照条件较严,充足的光照植株健壮,株型紧凑,节间和叶柄较短,蔓粗叶厚,缓苗期要求光照 8 小时以上;缓苗后到坐果前适当通风并增加光照。

(2)温度

甜瓜是耐热不耐低温的作物,缓苗前温度宜控制白天 30～35℃、夜间 15℃ 以上,不通风;盛花期控制夜间温度 18～20℃ 左右;坐果后防止温度过高引起早衰,白天温度保持 28～30℃,中午适当延长通风时间;膨果期白天控制棚内温度 35℃ 左右、夜间 18～20℃,后期控温为主。

(3)肥水

在开花期和果实膨大期需进行适量灌水。如果基肥足量,生长正常,前期不必施肥,进入膨瓜期,一般在坐果后 10 天内,可用每担水加 0.5 公斤碳铵和 0.5 公斤过磷酸钙打孔浇肥;后期生长转弱可采用叶面喷施钾、硼、钙肥 2、3 次,以提高甜度和品质。

9. 人工授粉

大棚甜瓜必须人工授粉才能保证坐果。当选留好的节位的雌花开放时,于上午 9～12 时,采用当天开花的雄花剥去花瓣,将花粉小心地传送到雌花柱头上,早春气温低时用坐果灵点花,并做好授粉日期标记为成熟采收作标准。

10. 病虫害防治

(1) 防治原则

按照"预防为主,综合防治"的植保方针,严格执行 GB 4285、GB/T 8321(所有部分)。

(2) 主要病害

主要病害有猝倒病、立枯病、炭疽病、蔓枯病、根腐病、疫病、病毒病、白粉病、霜霉病、软腐病、叶枯病等。

(3) 主要虫害

主要虫害有蚜虫、红蜘蛛、浅叶蝇、地老虎等。

(4) 防治措施

①农业防治:选用高抗多抗的品种,实行严格的轮作制度,深沟高畦,严防积水,清洁田园,提高植株抗性。

②物理防治:利用光、电、声、色、热等物理手段针对目标病虫所具有的特异性而进行病虫害控制的方法,在大棚内留用臭氧发生器产生臭氧防治白粉病、霜霉病等病害,利用黄板、黑光灯诱集害虫。大棚甜瓜禁止使用高毒、高残留农药。禁用农药见有关规定。

③农药防治

猝倒病　猝倒病的防治可选用下列药剂中的一种:按附录 B 的浓度使用,65％代森锌可湿性粉剂、58％甲霜灵锰锌可湿性粉剂、25％多菌灵可湿性粉剂和 50％甲基硫菌灵可湿性粉剂等。

立枯病　化学防治用下列药剂中的一种:50％腐霉利可湿性粉剂、50％甲基硫菌灵·乙霉灵可湿性粉剂和 40％百菌灵清·二氯异氰脲酸可湿性粉剂等。

炭疽病　化学防治可选用下列药剂中的一种:40％百菌灵清

·二氯异氰脲酸可湿性粉剂、58％甲霜灵锰锌可湿性粉剂、25％多菌灵可湿性粉剂、50％甲基硫菌灵可湿性粉剂和65％代森锌可湿性粉剂等。

蔓枯病　化学防治可选用下列药剂中的一种：50％异菌脲可湿性粉剂、25％多菌灵可湿性粉剂和50％甲基硫菌灵可湿性粉剂。

根腐病　化学防治可选用下列药剂中的一种：80％噁霉灵原药、7％氢氧化铜可湿性粉剂、3％甲酚·愈创木酚可溶性液剂、78％波·锰锌可湿性粉剂和1％多抗霉素水剂等。

疫病　化学防治可选用下列药剂中的一种：7％氢氧化铜可湿性粉剂、3％甲酚·愈创木酚可溶性液剂、78％波·锰锌可湿性粉剂、40％百菌灵清·二氯异氰脲酸可湿性粉剂、58％甲霜灵锰锌可湿性粉剂、50％异菌脲可湿性粉剂、25％多菌灵可湿性粉剂、50％甲基硫菌灵可湿性粉剂和65％代森锌可湿性粉剂等。

病毒病　化学防治可选用下列药剂中的一种：7％氢氧化铜可湿性粉剂和78％波·锰锌可湿性粉剂等。

白粉病　化学防治可选用下列药剂中的一种：30％氟菌唑可湿性粉剂、7％氢氧化铜可湿性粉剂、3％甲酚·愈创木酚可溶性液剂、78％波·锰锌可湿性粉剂和1％多抗霉素水剂等。

霉霜病　化学防治可选用下列药剂中的一种：7％氢氧化铜可湿性粉剂、3％甲酚·愈创木酚可溶性液剂、78％波·锰锌可湿性粉剂、40％百菌清·二氯异氰脲酸可湿性粉剂、58％甲霜灵锰锌可湿性粉剂、50％异菌脲可湿性粉剂、25％多菌灵可湿性粉剂、50％甲基硫菌灵可湿性粉剂和65％代森锌可湿性粉剂等。

软腐病　化学防治可选用下列药剂中的一种：7％氢氧化铜可湿性粉剂、3％甲酚·愈创木酚可溶性液剂和72％农用硫酸链霉素可湿性粉剂等。

叶枯病　化学防治可选用下列药剂中的一种：40％百菌清·

二氯异氰脲酸可湿性粉剂、58%甲霜灵锰锌可湿性粉剂、50%异菌脲可湿性粉剂、25%多菌灵可湿性粉剂、50%甲基硫菌灵可湿性粉剂和65%代森锌可湿性粉剂等。

蚜虫　化学防治可选用下列药剂中的一种:40.7%毒死蜱乳油、10%吡虫啉可湿性粉剂和0.6%阿维菌素乳油等。

红蜘蛛　化学防治可选用下列药剂中的一种:20%吡虫啉·噻嗪酮可湿性粉剂和15%哒螨灵乳油等。

潜叶蝇　化学防治可选用下列药剂中的一种:40.7%毒死蜱乳油、10%吡虫啉可湿性粉剂、0.6%阿维菌素乳油和44%霉·氯乳油等。

地老虎　化学防治可选用下列药剂中的一种:5%氟啶脲乳油、2%阿维菌素·辛硫磷乳油和4%阿维叮虫脒乳油等。

11.适时采收

授粉时做下的标记是采收的标准。不同品种开花后的推算日数不同,早熟品种一般开花授粉后28天成熟,晚熟种开花授粉后40天才成熟。用剪刀在结瓜部位将瓜蔓一起剪断带上1~2片叶,以早晨采收为好。

(三)后茬晚稻栽培

1.品种选择

育秧移栽稻,可选用中熟晚粳秀水114、秀水134等;直播种植可选用特早熟晚粳秀水03、秀水417等。

2.适时播栽

移栽晚稻于6月上旬播种,6月下旬至7月上旬移栽,控制秧龄25~30天,大田亩用种量6公斤。直播稻(特早熟品种)于7月15日前播种,亩用种量5公斤。

3.合理密植

移栽田规格4寸×4.5寸,亩插3.33万丛,亩基本苗12万苗。直播田亩基本苗10万~12万,注意匀播,四叶期补缺。

4. 科学施肥

瓜后稻田肥力较高,应适当控制氮肥施用,亩用尿素总量20～25公斤,钾肥7.5公斤,并注意后肥不可过重,以防倒伏、影响结实。

5. 注意病虫草害防治及水浆管理

根据病虫情报及时抓好药剂防治,并注意直播田块的杂草防除。抓好护苗、促蘗、控秆(搁田)、防倒、防衰等水浆管理。10月下旬成熟适时收割。

三、注意事项

1. 大棚栽培应选择向阳、避风、土壤肥沃、排灌、运输便利的田块;

2. 冬春季气温变化较大,应加强大棚内温、湿度的调控,遇连续低温阴雨天气,需增人工光照、做好保温工作,防止病害发生;

3. 西(甜)瓜不宜连作,应与其他作物轮作4～5年以上。

第五节　黑木耳—晚稻轮作"万元千斤"种植模式

一、经济效益

黑木耳—晚稻轮作栽培模式,每亩投入黑木耳菌包8000包,平均每包产干黑木耳0.0607公斤,亩产干黑木耳485公斤,按每公斤60元计,亩产值达29000元,去除每亩投入菌包、设施、人工成本18000元,每亩田净利润为11000元。晚稻平均亩产510公斤,按每公斤2.4元计,亩产值1220元,减成本500元,净利720

元。该模式亩获净利 11720 元左右,产粮达千斤,现实了高产高效的目标。

二、技术要点

黑木耳于 11 月上旬即可开始种植,翌年 6 月初收获结束,正好接种单季晚稻,单季晚稻收后可循环种植黑木耳。

(一)黑木耳栽培

1. 菌种培养料配方

桑枝梗等(阔叶树)粉碎成粉 76%、米糠(或麸皮)5%、棉籽壳 15%、黄豆粉 2%、石膏粉 1%、蔗糖 1%。按以上比例称取各种配料,先将蔗糖溶于水中,再把桑梗粉、米糠、石膏粉等拌匀,把糖水喷洒在料中,加水翻拌,边搅边拌,使培养料含水量达 65% 左右。或加水至手握培养料,有水纹渗出而不下滴为度,然后将料堆积起来,闷 30~60 分钟,使料吃透糖水,立即装袋。

2. 培养料装袋

把培养料装入 15 厘米×55 厘米的塑料袋内,用塑料环反折袋口,开似瓶口,并用小木棍在料中央自上而下打一通气口,塞上棉塞,扎紧瓶口,然后杀菌。

3. 灭菌接种

装好的栽培袋放在高压灭菌锅里灭菌,在 15 公斤/平方米的压力下保持 1.5~2 小时,待压力表降到零时,将袋子趁热取出,立即放在接种箱或接种室内。若用常压灭菌灶灭菌,保持 6~8 小时,待袋温下降到 25℃ 左右时,或用高锰酸钾和甲醛熏蒸 30~40 分钟,进行接种箱或接种室空间消毒。接种时一定要注意无菌操作,手出汗时即停止;接种量要多些,可以缩短菌丝长满表面的时间,减少杂菌感染的机会。

4. 菌丝培养

将接种的塑料培养袋放入遮光的室内培养,约 50 天后菌丝长满全袋,这时转入出耳阶段。菌丝培养需严格掌握光、温、湿度。

(1) 温度控制

培养室的最适温度为 $22 \sim 25℃$,不宜超过 25℃,注意适当通风。特别是在培养后期(即菌丝长到培养料高度约 1/2 以上),温度超过 25℃,袋内会出现黄水,水色由淡变深,并由稀变黏,易促使霉菌感染。

(2) 湿度控制

培养室的相对湿度 50%～70%,如果湿度太低培养料水分损失多,对菌丝生长不利,相对湿度超过 70%,棉塞上会长杂菌。

(3) 光照控制

光线能诱导菌丝体扭结形成原基。为了控制培养菌丝阶段不形成子实体原基,培养室应保持黑暗或极弱的光照强度。

(4) 环境控制

培养室内四周撒一些生石灰,使成碱性环境,减少霉菌繁殖的机会。栽培袋放在培养室或堆积在地面上培养菌丝时,不宜多翻动,以防杂菌孢子感染。

5. 耳场建造

选择通风良好、阳光充足、邻近水源、无污染源、能防涝的田块建耳场。田整成平面畦床,畦宽 2.5 米,沟(走道)宽 0.5 米,沟深 0.2 米。用木柴或竹片搭成宽 2 米、高 0.25 米的耳架,长度不限,与畦同相拉 5 条铁丝,间距 0.5 米,横杆行距 1.8～2.0 米。喷水塑料管安装在畦中间,距畦高 1.3 米。同时耳床四周挖好排水沟。畦床用地膜打洞覆盖,以防止泥沙侵蚀菌棒。菌棒不必覆盖薄膜,不搭建荫棚,露天排场,保持空气流通。耳场建好、排场前 2 天将栽培地用杀虫剂、漂白粉、生石灰等杀菌剂进行一次消毒,喷湿沟底和沟壁。

6. 打孔

在菌丝长满菌袋后要进行刺孔养菌。选择阴凉天气,用5~8.3厘米长的铁钉板进行刺孔排气,每袋菌棒刺孔9~10行,共约100~150个孔,并创造良好的通风透光条件,以利于菌丝恢复生长,促进生理成熟,形成耳芽。打孔3~7天后,在刺孔局部有耳芽形成,但尚未长出袋口时,即可选择阴凉天气进行排场。

7. 插袋

排场时将菌袋交叉竖靠在铁丝上,呈∧形,∧与∧间距约15厘米,袋扎口着地(地膜)。

8. 出耳期的管理

在适宜的温度、湿度、通风和光照条件下,一股开洞7~12天,肉眼能看到洞口有许多小黑点产生;并逐渐长大,连成一朵耳芽(幼小子实体)。这时需要更多的水分,相对湿度达90%~95%,温度保持在15~25℃,较强的散射光照和良好的通风。如连遇阴雨天气,温、湿、光、空气都应充分满足,促使耳芽发育更快,如遇燥热则应加大喷水,提高田间湿度。这时,如果在耳基部或幼小耳片上发现有绿霉菌和橘红色链孢霉污染,可将菌袋在水龙头下,小心放水冲洗掉杂菌,但切勿把子实体冲掉。在适宜的环境条件下,耳芽形成后大约10~15天,耳片平展,子实体成熟,即可采收。

9. 采收与加工

当耳片长到6~12厘米时即可采摘。黑木耳成熟的标准是耳片充分展开,开始收边、耳基变细,颜色由黑变褐时,即可采摘。要求勤采,细采,采大留小,不使流耳。成熟的耳子留在菌袋上不采,易遭病虫害或流耳。采收时,用小刀靠袋壁削平。采收下的木耳要及时晒干或烘干。烘烤温度不超过50℃,温度太高,木耳会黏合成块,影响质量,木耳干后,及时包装贮藏,防止霉变或虫蛀。采收后的菌袋,停止直接喷水4~5天,让菌丝积累营养,经过10天左右;第二茬耳芽形成,重复上述管理,还可采收两茬。

10. 病虫害和杂菌污染的预防

当前栽培黑木耳;最突出的一个问题是,耳棒杂菌多,木耳害虫多,制菌和代料栽培污染多。

造成耳棒杂菌多的原因,主要是耳场、耳棒和使用工具消毒不严,耳场通风不良,长时期的空气不流通造成的。木耳的害虫,主要是冬季对虫卵消灭不彻底和防治不及时。制菌和代料栽培的污染问题,主要是分离的标本带菌,培养基消毒不彻底,接种室的箱和所用工具消毒不良,或接种室、箱封闭不严导致中途带进杂菌,使用了被污染的原种和母种,操作人员的手和工作服、帽消毒不洁净,等等。因此,要把好灭菌消毒关,严格执行各项操作规程,绝不能有丝毫的疏忽大意。

(1)杂菌防治

搞好耳场的清洁卫生;对场内附近的腐朽树枝杂草和长有杂菌的耳棒一律烧毁,惊蛰和清明间用杀虫药和杀菌药喷施耳场;耳棒点种时对表皮进行严格消毒,实行合理密植,缩短生产周期,废除罢山期。

(2)虫害防治

对红线虫、鱼儿虫可用 50%可湿性敌百虫 0.5 公斤,加水 500～750 公斤,浸渍耳棒 2 分钟;或用马拉硫磷 0.5 公斤,加水 750 公斤喷洒;也可对各种壳子虫用鱼藤粉 0.5 公斤,中性肥皂 250 克,加水 100 公斤喷洒;或用除虫菊乳油 0.5 公斤,加水 400 公斤喷洒。对食用螨可用 1∶1000 倍 20%可湿性三氯杀螨砜(T·D·N)喷洒;或用 20%可湿三氯杀螨砜 1∶800 倍水溶液浸耳棒 5 分钟。对古丁虫、天牛及天牛幼虫,最好在早晚进行人工捕捉。

(二)晚稻栽培

1. 品种选择

黑木耳后茬晚稻季节适当,可选用中熟晚粳秀水 114、秀水 134 等直播种植。

2. 适期播种

直播稻于 6 月 10 日前播种,亩用种量 3～3.5 公斤,注意匀播,四叶期匀苗补缺。

3. 科学施肥

黑木耳后茬田土质疏松,应翻耕播种,并可将废弃菌棒翻入土中,亩用尿素总量 30 公斤,钾肥 7.5 公斤,并注意后肥不可过重,以防倒伏。

4. 注意病虫草害防治及水浆管理

根据病虫情报及时抓好药剂防治,并注意直播田块的杂草防除。抓好护苗、促蘖、控秆(搁田)、防倒、防衰等水浆管理。10 月下旬成熟适时收割。

三、注意事项

1. 黑木耳栽培田应选择向阳、避风,土壤、水质、环境清洁、排灌、运输方便的田块;

2. 春季气候变化较大,遇高温干燥时应及时喷水雾增湿,注意周边环境消毒,防止病害发生;

3. 可连作栽培。

第二章 沼液利用技术

沼液是作物秸秆和人畜粪便等原料经过沼气池厌氧发酵制取沼气后的有机残留物。沼液含有多种作物所需的丰富营养物质，如氮、磷、钾、硼、铜、铁、钙、锌等微量元素和多种生物活性物质，且几乎不含重金属，其营养成分易被农作物吸收参与光合作用。目前，嘉兴南湖区沼液主要用于浸种和稻田、菜地、果园作为基肥、追肥灌施。

第一节 沼液晚稻种子浸种技术

沼液晚稻种子浸种具有杀菌、发芽率高、芽壮、出苗齐、成苗高等优势。经田间试验，沼液浸稻种处理比清水浸种发芽率提高 6 个百分点，苗高、根长、百株鲜重、每穗总粒、穗实粒数均有显著提高，亩产量增加 2.76％。

具体操作：沼液浸种前晒种 1～2 天，以提高种子的吸水性能，提高种子活力。

把稻谷种子装入麻袋或透气性好的编织袋；每袋种子最多装 20 公斤，并留出一定空间，扎紧袋口。放入正常产气使用一个月以上的沼气池内浸泡 24 小时左右。

取出种子后用清水洗净，再在清水中浸泡 24 小时。

按常规方法催芽。

沼液浸种会改变某些种子壳的颜色，但不会影响发芽。

沼液浸种过程中应注意安全,池盖要及时还原,防人畜掉入池内。

第二节　沼液替代化肥农田施用技术

一般沼液 COD 含量在 1000 毫克/升左右的作为肥料,经测定,每升沼液氨态氮(NH_4-N)含量 750 毫克左右,P_2O_5 含量 150 毫克左右,K_2O 含量 700 毫克左右。晚稻生长季亩施沼液 25 吨左右、菜地亩施沼液 2 吨左右即可满足作物氮肥需要量。

沼液替代化肥稻田施用技术

沼液作为基肥和各时期追肥可通过管网输送至稻田,较为方便。直播稻田和机插稻田的苗∶蘗∶秆∶穗肥,可参照3∶3∶2∶2的比例施入,总用量 25 吨左右,可实现节省化肥成本、提高产品品质、增产增收的目标。

(1)直播单季晚稻田沼液肥施用

作断奶肥。播种后 15 天左右,稻苗 2 叶 1 心,胚乳消耗殆尽,稻苗需向外吸取营养物质,这一时期可结合苗期除草灌施沼液作断奶肥,每亩灌施量 7~8 吨。

作促蘗肥。播种后 22~25 天,稻苗 4 叶 1 心,开始分蘗,且从这一时期开始,稻田以保持浅水层促分蘗的水浆管理为主,灌施沼液可提供分蘗期营养,每亩灌施量 7~8 吨。

作壮秆肥。7 月 15 日左右,处于单季稻拔节前期,根据稻株群体长势,可适当追施沼液肥,使稻苗茎秆粗壮、争取多穗,每亩灌施用量 5 吨。灌至 7 月 25 日左右应开始烤搁田,以促进根系深扎,茎秆粗壮。

作穗肥。8 月初,水稻处于幼穗分化初期,稻田灌施沼液,可促进幼穗分化,争取大穗,每亩灌量 5 吨。

注意：直播单季晚稻田也可用半量沼液配施半量化肥，效果更好。

（2）机插单季晚稻田沼液肥施用

作大田基肥。可在翻耕前3～5天每亩灌施沼液7～8吨泡田作基肥，带水层旋耕。一方面可将沼液中养分充分和泥土混匀；另一方面便于田面平整。

作返青活棵肥。栽插后5～7天，每亩灌施沼液7～8吨，有利返青活棵快。

作促蘖肥。栽插后10～15天，稻苗开始分蘖，且从这一时期开始，稻田以保持浅水层促分蘖的水浆管理为主，沼液肥可分两次，间隔一周灌施一次，每次3～5吨，以提供分蘖期营养。至7月下旬灌沼液田要及时抓好烤搁田，以促进根系生长和茎秆粗壮。

作穗肥。8月初，水稻处于幼穗分化期，每亩灌施沼液5吨，促进幼穗分化，争取大穗。

注意事项：沼液应随取随用，且必须使用来自于正常产气50天以上的沼气池。稻田灌施沼液，夏季于傍晚为宜，中午高温及雨前、雨天不灌施，以防高温灼烧叶片或沼液营养流失。

第三节　沼液替代化肥菜地施用技术

沼液作蔬菜追肥可采用根部浇灌、滴灌和叶面喷施两种方法。

（1）根部追肥

番茄、茄子等茄果类蔬菜，在多次追肥中选择在第一穗果膨大期替代一次化肥，用量在每亩2～3吨。大白菜、甘蓝等结球类蔬菜在莲坐期替代一次化肥，用量在每亩2.5吨左右。散叶生菜等叶类蔬菜在旺盛生长期替代一次化肥，用量在每亩2吨左右。采用人工浇施于作物根部较好。

（2）叶面追肥

沼液在作叶面追肥时，首先必须将提取的沼液滤清过渣，之后将沼液兑水量 1：1，便可直接用喷雾器喷施在各类蔬菜的叶面上。以叶背面为主，湿而不滴；每 7～10 天一次，平均每亩喷施量在 150～200 公斤。在瓜菜类蔬菜的现蕾期、花期、果实膨大期喷施可加入 3%磷酸二氢钾，效果更好。蔬菜上市前 7 天，禁止追施沼液，以免发生抗菌素等残留，影响蔬菜品质。

第四节 沼液替代化肥果园施用技术

沼液用于果树，可作根部追肥，也可作叶面施肥。作根部追肥可用人工浇施，施用量视果树大小和肥效的作用而定。

作叶面肥施具有收效快，利用率高的特点。具体办法是，叶面喷施的沼液经过滤后，选择晴好天气喷施。一般施后 24 小时内，叶片可吸收喷施量的 80%左右。果树地上部分每一个生长期前后，都可以喷施沼液，叶片长期喷施沼液，可增强光合作用，叶片浓绿，树势繁茂。

第三章　晚粳稻机械化育插秧栽培技术

当前,先进适用的高性能插秧机成`为装备支撑,配套农艺技术成为技术支持,使水稻机插秧技术推广突飞猛进,水稻机插既是加快突破机械种植薄弱环节制约的重要举措,又是推进种植方式转型升级的主要途径,也是发展现代农业,实行水稻标准化生产的迫切要求。技术要求种植规模相对集中连片,更适合推行农业标准化生产,提升稻米品质和粮食安全。

水稻机械化插秧技术是继品种和栽培技术更新之后提高耕作生产率的又一次技术革命。目前,日本、韩国等以及中国台湾地区水稻生产全面实现了机械化插秧,江苏省等在国内率先推广机插秧技术,目前机插率达到 50% 左右,有十几个县率先实现了水稻生产全程机械化。近年来,浙江省将机械化育插秧作为重点推广技术,实施面积连年翻倍,呈现快速发展态势。嘉兴市 2010 年实施水稻机插 18.23 万亩,全市机插率在 10% 左右;南湖区从 2007 年起步,水稻机插种植方式从无到有,经过三年时间,目前有育秧中心一个,播种流水线两条,高性能乘坐式插秧机 51 台,2010 年全区晚稻面积 17 万多亩,机插面积 1.23 万亩,机插率为 7.2%。实践证明,机插种植方式技术优势明显,正被越来越多的农户接受,也实现了良好的社会经济效益,水稻种植方式加速转变将成为发展趋势。南湖区通过惠农政策的实施,以水稻机插为主推技术,推进水稻生产全程机械化发展,"十二五"期末目标粮食功能区机插率要达到 40% 以上,机插面积将达到 6 万亩以上。为此,通过开展技术培训工作,使机手、农户迅速熟练掌握相关技术要点尤其重要,现将晚粳稻机械化育插秧栽培技术作一介绍。

第一节　育秧技术

（一）育秧材料准备

1. 有盘育秧

选用硬塑育秧盘(可用 10 年),内尺寸 58 厘米×28 厘米(0.1624 平方米),按每亩单季晚稻常规粳稻大田用 20 只,杂交稻每亩 15 只,连作晚稻 28～30 只盘准备。

2. 无盘育秧

（1）秧框架。选用 2 厘米厚铝合金或硬木条子,框净宽 1.2 米(相当 2 张秧盘长度),长度自定;

（2）地膜。选用农膜,在 1.2 米宽度内用 1.5～2 毫米电钻打好孔,间距 4 厘米×4 厘米。地膜不能用超薄膜。

（二）秧田准备

秧本比按 1∶100 确定秧田面积。无盘育秧每亩大田需净秧板 3.5～4.0 平方米。

选择排灌和交通方便、向阳、整齐、无砂石田块(注意:要选冬春季未施过甲黄隆等高残留除草剂的田),提早 10 天耕整秧田。秧板宽 1.6 米,沟宽 0.4 米,秧板必须平整,塑盘排放二排,沿沟边空 0.2 米。无盘育秧秧板做法与有盘秧板相同。

（三）种子准备

1. 品种选择

选用矮秆高产品种,常规粳稻有中熟晚粳秀水 114、秀水 134、秀水 33 等,杂交晚稻有嘉乐优 2 号等,连作晚稻用品种有特早熟晚粳秀水 03 等。

2. 用种量确定

单季常规粳稻每亩大田准备 3～3.5 公斤,杂交粳稻种子每亩大田准备 1～1.5 公斤,连作晚稻种子每亩大田准备 4.5 公斤。

3. 种子处理

(1)晒种。播种前晒种 1 天,有利提高发芽率和发芽势。

(2)浸种消毒。水稻种子带菌病害有恶苗病、稻瘟病、稻曲病和白叶枯病等。种子消毒可有效防止这些病害的发生。常用农药有稻种清、强氯精、多效灵和线菌清等。建议使用稻种清较好。稻种清每袋 3 克(18%可湿性粉剂),加水 6～7 公斤,可浸种子 5 公斤,浸种要浸足 48 小时。

4. 浸种催芽

浸种 48 小时后,捞起过清水,然后催芽。要求在室内底填麻袋等易通气物,谷堆 10 厘米厚,上覆湿麻袋,露白前不要翻动、淋水。种谷 80%露白后,谷堆温度升高,要及时翻动、淋水,但不要过度翻动和淋水。因播种密度较高,催芽谷的芽、根,切忌过长,一般要求根的长度为种谷的 1/3,芽长为 1/5～1/4。要求根短芽壮(全部露白后摊晾半天即可播种)。

(四)播种准备

1. 塑盘育秧的摆盘

秧板两头中点拉好绳子作基准,在绳子两侧各横向摆放一行秧盘,使秧床宽度为 1.2 米。秧板宽 1.6 米,沟宽 0.4 米,秧板必须平整,塑盘排放二排,沿沟边空 0.2 米。净宽:0.6 米＋0.6 米＋(空)0.2 米＋0.2 米＝1.6 米。秧盘摆好后用手轻按一下,使之平整充分接触泥土(盘与土脱空,秧苗生长不匀,易死苗),秧盘之间尽量不留缝隙。

2. 无盘秧板

无盘秧板做法与有盘秧板相同,净宽 1.2 米＋空 0.2 米＋0.2 米＝1.6 米＋沟 0.4 米。摆好框架宽 1.2 米,外框用竹片挡固,长度根据秧板。

将打好孔的农膜铺设到秧坂上,尽量铺平,地膜与框架呈直角。

3. 铺土

无盘与有盘秧板相同,铺土用土取自秧沟,可先用手工耙碾碎,同时将未烂尽草根、稻茬取出。铺土时注意拣出小石块,用泥隔隔平秧盘,铺土后沉淀半天,不能直接播种,以防种子淹没闷死。

4. 秧田基肥

不施有机肥。施肥有两种方法:一是耕整秧田前,按每亩15公斤复合肥＋15公斤尿素的标准撒到秧田里。二是秧板做好后,按每亩10公斤复合肥＋7.5公斤尿素的标准撒到秧沟里,然后用脚踩踏捣烂均匀,用此土作为秧盘泥。

5. 播种

（1）手工播种

常规粳稻每秧盘播芽谷0.19～0.20公斤(折合干谷0.15～0.16公斤),杂交粳稻每秧盘播芽谷0.09～0.10公斤(折干谷70～80克),连作晚稻播芽谷0.22～0.25公斤(折干谷0.17～0.2公斤)。每次单晚粳稻称好20个、杂交稻称好15个、连晚称好28个秧盘的种子;无盘秧板按每板秧板面积×每平方米播种量称量后放在簸箕里,用手工反复均匀播种(先蹲身以簸箕口沿紧贴秧盘框边沿播好)。

播后用木板(泥隔)塌谷,轻轻压一下种子,使着床良好。

（2）流水线播种

采用水稻机械化育秧播种流水线可一次性完成铺土、喷水、播种和覆土作业,减轻劳动强度,实现播种均匀。

开展流水线播种需要做好几项准备工作:塑料硬盘,粉碎过筛后的本土或客土,催芽至露白到根的长度为种谷的1/3、芽长为1/5～1/4的芽谷。播种机调试和明确各环节人员分工。播种机调试要求底层土稳定在2～2.5厘米,覆土厚度0.3～0.5厘米;洒水量的控制以洒水后底土水分能达饱和状态，覆土后10分钟内盘面干土自然吸湿无白面为宜；播种量调试一般按常规粳稻每秧盘播芽谷0.15～0.19公斤（折干谷0.12～0.15公斤），杂交粳稻每秧盘播芽谷0.09～0.10公斤（折干谷70～80克），连作晚稻播芽谷0.22～0.25公斤（折干谷0.17～0.2公斤）调试。

（五）秧田管理

培育适合机插的健壮秧苗，是推广机械化插秧成败的关键。"秧好半熟稻，苗好产量高"。对机插秧苗的基本要求是总体均匀，个体健壮，要求"一板秧苗无高低，一把秧苗无粗细"。

1. 水浆管理

秧苗二叶一心期以前，沟中灌水平秧板略下，以保持秧板湿润，秧盘中泥土不发白，促进秧苗扎根竖芽。二叶一心期后间歇灌水，晴天日灌夜排，遇大风、施肥要灌水护苗。移栽前3天，排干沟水，以便起秧移栽。

2. 施肥

一叶一心至二叶期，早施断奶肥，按每亩秧田施尿素7～8公斤（上水略过秧盘板面，以防肥害）。移栽前6天施好起身肥，每亩秧田施尿素10公斤（施后3天落干水准备移栽）。

3. 防病虫害

一是防治秧苗稻蓟马、纵卷叶螟，做到带药移栽。二要除好草害，防止带草下田。播种时拌"稻拌"防鸟防苗期虫害；播种后2～4天用幼禾葆60克或隆苗45～60克，加水30公斤喷雾杀草；二叶一心期用田草灵等药剂结合上水施肥抑草。注意喷药时不要重复喷，以防药害。

4. 适时起秧

（1）排干沟水 起苗前，应根据当时的气候、土质情况，一般提前一天以上排干沟水，以便方便起秧，确保机插质量。

（2）定格裁块 无盘秧起苗前，视插秧机机型（行距9寸机型）用直尺及裁纸刀将秧苗切成块待起苗。长度 60 厘米,宽度 28 厘米。

（3）起秧插种　无盘秧通过裁块分割就可起苗,卷成筒形,同时去掉底膜,即可运秧及插种。同时要注意底膜的收集,以减少底膜随意丢弃所带来的污染。

第二节　机插大田的耕整

机械插秧采用中、小苗移栽,对本田耕整质量和基肥施用要求相对较高。其耕整质量的好坏,直接关系到插秧机的作业质量及栽后秧苗的早生快发。

机械插秧对本田的要求:旋耕深度 10～15 厘米,田块平整无残茬,高低差不超过 3 厘米,泥脚深度不小于 30 厘米,泥浆深度 5～8 厘米,水深 1～3 厘米。

1. 田面平整

要求 3 厘米的水层条件下,高不露墩,低不淹苗,以利秧苗返青活棵生长整齐。

2. 田间无杂草、稻茬和杂物

清除田间杂草（提前用草甘膦杀灭）稻茬和杂物,以防机器前进过程中,将已插秧苗刮倒。

3. 根据土质,选择耕整时间

黏性土壤需提前耕整,沉淀 1～2 天后再插,以防壅泥。沙性土可当天移栽。

第三节　机插秧大田栽培及管理

1. 适时播种、移栽

适时早播早栽有利高产，一般单季晚稻以 5 月下旬至 6 月上旬播种，严格控制秧龄在 15 天左右，6 月中旬前后移栽较宜。

2. 插足适宜基本苗

常规单季粳稻亩栽 1.7 万～1.4 万穴，丛插 3～4 根苗，亩基本苗 5 万～6 万；杂交粳稻丛插 1～2 本苗，亩基本苗 3 万左右。连作晚稻丛插 5～6 本苗，亩栽基本苗 8.5 万～10 万。

3. 插秧机的使用及调整

目前插秧机在适用性、可靠性、安全性等方面有了显著提高，技术成熟，国内外产品品种型号形成了多样化和系列化，高性能插秧机的推广加速了种植方式的转变，南湖区机具推广发展起点相对高，全部选用高性能乘坐式插秧机，以六行机为多，采用双排回转式栽插机构，平均每小时插秧 5 亩左右，完全满足栽培农艺要求，具有操控性好，插秧质量高、生产效率高的特点，体现了高性能插秧机的技术先进性，插秧质量技术指标符合水稻机插质量评价指标，可以做到：第一，不歪不倒、浅植最好。做到小秧苗浅插，低节位分蘖，发棵快，产量高。第二，载幅内，插秧深度均匀稳定。宽幅插秧，左右边插秧深度均匀。第三，单株取秧均匀，不伤秧。单株取秧 3～5 棵苗，秧心不伤不折。

为保证机插作业质量，提高作业效率，现以 2011 款洋马 VP6 为例，对机具使用作一说明。

在机插作业前，要对插秧机进行试运转，按照栽插密度要求调整株距及取秧量，确定作业路线，以确保机插质量，提高作业效率

（1）插秧机作业前的准备

作业前的检查：

①查看机器四周,检查各部件有无变形、损坏、磨损,螺栓是否松动。

②检查有无"三漏"现象。

③感觉一下驾驶座位置、变速踏板和方向盘角度是否合适。

④燃油是否充足,润滑油是否加注,空气滤清是否干净。

⑤检查各操作手柄位置是否放在正确位置。

⑥启动发动机,检查发动机有无异响,查看尾气颜色是否正常。

⑦慢速起步,检查刹车、主变速等操作部件是否正常。

进入田块前的准备：

①按照农艺要求,根据熟制、品种特性确定合理的基本苗,并根据栽插时间、秧苗密度等估算每亩所需秧盘数。

②按要求调整株距、取秧量和插植深度。

③根据田块形状,确定插秧方向、最佳进出位置及插秧机回旋位置和路线。

进入田块后的准备：

①把载秧台移到左侧或右侧最边位置后,放置秧苗。

②把插秧机移到开始栽植位置。

③在各调节手柄按作业要求设定后,进行试插 2～3 米,确认株距、每穴秧苗数、栽植深度。

④确认后进行正常作业。

（2）插秧机的调节

株距调节：

在确定了栽植密度和基本苗后,在插秧的行距为 30 厘米固定不变的情况下,要达到相应的栽植密度,唯一的途径是调整株距。南湖区常规单季粳稻亩栽 1.7 万～1.4 万穴,穴插 3～4 根苗,亩基本苗 5 万～6 万,按照上述要求,株距应确定为 14～17 厘米(见

表1）。

调节方法以 2011 款洋马 VP6 为例：株距调节分为 5 档，档位分为 50、65、80、90、105，分别对应的株距为 22 厘米、17 厘米、14 厘米、12 厘米、10 厘米。在发动机关闭的情况下，把主变速手柄、插植手柄放在"中立"位置，在低速位置启动发动机，轻踏变速踏板，扳动固定速度手柄于"固定速度"位置，再扳动插植穴数的调节手柄到需要的位置即可。

表1　2011 款洋马 VP6 插秧机穴数档位与穴（株）距、总穴数的相对关系

插秧行距	30 厘米				
插秧穴数档位（穴/3.3 平方米）	50	65	80	90	105
插秧穴距（厘米）	22	17	14	12	10
穴数（万穴/亩）	1.0	1.3	1.6	1.8	2.1
插秧深度（厘米）	0.8～4.4　　8 级可调				
秧苗高度（厘米）	幼苗：8～15　　中苗：15～22				

每穴株数的调整：

通过调节横向及纵向取秧量来调节取秧面积，从而改变每穴株数。以 2011 款洋马 VP6 为例，横向取秧有 18、20、26 三档，分别表示秧箱每次横向移动 1.56 厘米、1.40 厘米、1.08 厘米，可通过调节插植部的横向调节手柄来选择；纵向取秧量为 8～17 毫米 10 个档位，每档间隔 1 毫米。横向取秧与纵向取秧的匹配可形成 30 个不同的取秧面积，最小为 0.86 平方厘米，最大的为 2.65 平方厘米。调整时先固定横向取秧量，再调节纵向取秧量。实际栽插时，需根据秧苗的密度及试插情况来进行调整，以达到每穴 3～4 株的农艺要求。

插植深度的调节：

"越浅越好"。以 2011 款洋马 VP6 为例，插植深度由浅到深

有 6 档可调。调整时,要求升起插植部,同时配合插植深度自动调节装置,使插植深度保持一定。

4. 科学施肥

做到有机肥、氮、磷、钾配合施。一般要求基肥每亩施有机肥10～15 担,春花茬田磷肥可不施,发僵田、加土田每亩施磷肥 30公斤,钾肥每亩 7.5～10 公斤,氮化肥总用量每亩尿素 30～35 公斤,折碳铵 90～105 公斤。在氮肥使用方法上要采取"平稳促进法",基肥 25%、苗肥 25%,分蘖肥 30%,穗肥 20%。即每亩 30 公斤尿素,打底 7.5 公斤(折碳铵 25 公斤),返青苗肥 7.5 公斤,分蘖肥 9.0 公斤,穗肥 6 公斤。另视田脚肥力高低,略作调整。沼气生产地,可将沼液替代等氮量化肥施用(灌施)。

因机插苗 3～4 叶移栽,苗小,根少,缓苗期长,前期氮肥不可过量,分蘖肥要分次施。一般栽后 5～7 天(6 月 20～25 日)施返青肥,栽后 15 天(6 月下旬至 7 月初)施促蘖肥,8 月初施穗肥(促花肥)。

5. 合理水浆调控

机插苗移栽时苗小根少,前期灌水要采取干湿交替的方法进行管理。栽后保持水层护苗,4～5 天后灌浅水或傍晚和阴天落干,以促进根系生长。分蘖期以浅水灌溉为主,促进分蘖早生,稳长。7 月中下旬,稻苗开始拔节,要适时烤搁田,早发猛发田要在够苗期(30 万/亩)及时搁田。要切忌重烤搁过度(如田面严重裂缝)。孕穗、抽穗、灌浆前期,田间保持浅水层,抽穗后 15 天,以湿润灌溉、干湿交替为主,后期防止断水过早。

6. 做好病虫草害综合防治

秧苗期重点抓好稻蓟马、恶苗病、线虫病、条纹叶枯病的防治,主要抓药剂浸种消毒、拌药播种及秧苗期稻虱、叶蝉的防治。大田期重点抓好纵卷叶螟、二化螟、叶蝉、褐稻虱、纹枯病、后期稻曲病和穗部稻飞虱、蚜虫的防治工作,要根据病虫情报,及时防治,注重合理用药和防治质量。

　　机插田前期苗小,浅水灌溉,易长杂草,要重视杂草的防除。前期结合使用返青肥时要抓好除草剂的使用。翻耕前用草甘膦杀灭老草,在施用返青肥时可用尿素拌田草灵 30 克,或用杀草丹 100 毫升加苄磺隆 20 克,稗草多的田块可用 90％禾大壮乳油剂 100 毫升加苄磺隆 20 克防治。

第四章 绿色养殖模式——污染物源头控制技术

第一节 绿色生猪食品安全及污染物源头控制技术研究

国内外研究现状：

近年来，随着抗生素及重金属大量地应用于饲料中，人们对其使用所产生的副作用——药物残留、耐药性和环境污染等问题日益关注，因此研制一种广谱、无公害、无残留的新型抗菌剂代替抗生素作为饲料添加剂已成为当前国内外饲料科学研究的一项重要的内容。近 10 年来，抗菌肽防御素的研究备受关注，已深入到分子结构、作用机制等多个方面，作为安全、高效的饲料添加剂具有巨大的发展潜力。

抗菌肽是一类具有能够杀死细菌或抑制细菌生长的多肽类物质，分子量相对较小，一般小于 10 kDa，抗菌肽是由基因编码、核糖体合成的小肽，带有净电荷，当机体受到病原体侵害时，立即由合成细胞或组织以活性形式合成或释放出来，发挥抗菌及其他生物学功能。抗菌肽多数具有强碱性、热稳定性以及广谱抗菌等特点，某些抗菌肽对部分真菌、原虫、病毒及癌细胞等均具有强有力的杀伤作用。天然抗菌肽通常是由 30 多个氨基酸残基组成的碱性小分子多肽，含有 4 个或多于 4 个带正电荷的氨基酸，如赖氨酸或精氨酸，具有双亲的性质，水溶性好，大部分抗菌肽具有热稳定性，在 100℃加热 10～15 分钟仍能保持其活性。多数抗菌肽的等电点大于 7,表现出较强的阳离子特性,对较大的离子强度和较高或较低的值均具有较强的抗性,此外部分抗菌肽具备抵抗胰蛋白酶或胃蛋白酶水解的能力。

防御素是抗菌肽的一类,广泛分布于动物和植物界的一类富含半胱氨酸的阳离子内源性抗微生物肽,是内源性抗微生物肽中的一个大家族。根据防御素分子内半胱氨酸的位置和连接方式、前体性质及表达位置的差异,可分为 α 防御素、β 防御素、θ 防御素、昆虫防御素和植物防御素 5 种类型。

防御素是由最先接触病毒的一些细胞产生的一种天然化合物。这些处于"战争最前线"的细胞包括白细胞和上皮细胞,它们通常矗立在一些器官和组织的表面。在新的研究中,研究人员对肺内表面的上皮细胞进行了研究,并发现防御素通过阻止病毒和细胞膜融合使流感病毒进不了细胞的门。研究表明,α-防御素-1 以两种不同的方式抵御 HIV。没有血清时,α-防御素-1 能够直接失活 HIV 病毒;当有血清存在时,α-防御素-1 则作用于容易受病毒攻击的细胞来阻止 HIV 感染。研究人员还证明,α-防御素-1 能够通过抑制一种叫做 PKC 的 CD_4^+ 细胞信号分子来阻止 HIV 的感染。

防御素由 $29\sim54$ 个氨基酸残基组成,具有广泛的生物学活性。此前的研究显示,防御素分子可以直接作用并杀死细菌、真菌和病毒等病原微生物,除此之外,防御素还具有去细胞毒、免疫调节以及创伤和神经损伤的修复等多种生物学活性。

我们的研究:

(1)我们应用重组 DNA 技术构建高效表达防御素的载体,筛选高效表达的可食用酵母的工程菌,建立了具有自己知识产权的低成本、大规模高密度固态面包酵母发酵技术和工艺,并完成产品的制粒、包被等后加工技术。我们将几种防御素组合到一起,产品具有抗细菌、病毒,调节免疫力等多种功效。应用复合防御素制剂替代饲料中的抗生素，不产生耐药性，也不存在毒副作用，更不存在药物残留问题。同时，防御素还具有分子量小、理化性质稳定、水溶性好和杀菌谱广等优点。

防御素众多的优点为其在兽医学和饲料科学中的应用指明了方向，尤其是防御素分子量小、热稳定性强，因此可以耐受饲料制粒时的高温，规模化发酵生产时，经高温浓缩工序，可充分杀灭酵母菌体而不导致抗菌肽失活，产品在推广应用后不会出现工程菌的扩散而导致环境生态问题。目前已有很多研究证明，防御素可用于禽畜疾病的防治，也可以作为饲料添加剂来提高动物的生产性能。但是到目前为止，还尚未有防御素大规模应用于饲料业的报道，更没有含复合防御素的绿色饲料成品的研制。我们通过试验，确定抗菌肽具有一定的抗病能力、防疫能力及促生长功能，并找出生长肥育猪最佳的添加量。完全可以在饲料中广泛应用。

（2）为了加强防病能力，采用了微生态技术，添加一定量的有益菌、寡聚糖。

（3）为了防止抗营养因子造成的腹泻，还可以促进生长，我们选择了消化吸收性较好的原料进行配方，并辅以相应的酶制剂。

（4）为了能确保生猪各阶段生长的营养需要量，既能满足有一定生长速度的营养需要；又不会因营养过剩造成营养性拉稀及饲养成本的浪费。我们参考了国内外各种营养标准，选择了我国的 NY/T65《猪饲养标准》作为配方依据。

（5）以上几点我们在不加抗生素，降低重金属的饲料中进行了合理配比。并与传统饲料进行了饲养试验对比，成本和生长速度都差不多，但达到了绿色效果。2009 年送检的猪肉经农业部食品质量监督检测中心检验完全符合《绿色食品——肉及肉制品》NY/T843 指标，达到绿色猪肉的标准。

（6）通过反复的试验，我们总结出一套绿色养殖模式。

第二节 微生态—绿色生猪养殖模式

微生态—绿色生猪养殖模式包含两种方式：一种是喂草的方式，还有一种是不喂草方式。微生态—绿色生猪养殖模式是浙江清华长三角研究院经过一年多来，运用生物科技，在嘉兴余新镇的敦企牧业养殖场经过反复的研究试验创立的绿色养殖模式。运用该模式养猪，猪肉产品经农业部食品质量监督检验测试中心检验，已全部符合 NY/T843 绿色食品中的肉及肉制品标准。但要取得绿色食品标志，必须要全部符合中国绿色食品中心要求的农业部所规定的四大系列标准：绿色食品产地环境标准；绿色食品生产技术标准；绿色食品产品标准；绿色食品包装、贮运标准。为了尽快地推广南湖区猪的绿色食品工程，我们准备把微生态—绿色生猪养殖模式在南湖区几个大牧场先启动起来。以下是微生态—绿色生猪养殖模式（不喂草模式），具体内容有以下几个方面。

环境必须要达到的各项污染物的指标要求（必须经过有关部门的检验、达标）。·

另外，不得使用以下兽药：

（1）四环素、土霉素、金霉素。

（2）伊维菌素。

（3）酚类消毒剂。

表2　畜禽养殖用水各项污染物的指标要求

项　目	标　准　值
色度	15 度,并不得呈现其他异色
混浊度	3 度
臭和味	不得有异臭、异味
肉眼可见物	不得含有
pH 值	6.5～8.5
氟化物(毫克/升)	≤1.0
氰化物(毫克/升)	≤0.05
总砷(毫克/升)	≤0.05
总汞(毫克/升)	≤0.001
总镉(毫克/升)	≤0.01
六价铬(毫克/升)	≤0.05
总铅(毫克/升)	≤0.05
细菌总数(个/毫升)	≤100
总大肠菌数(个/升)	≤3

表3　生产 A 级绿色食品禁止使用的兽药

序号	种　类		兽　药　名　称	禁止用途
1	β 兴奋剂类		克伦特罗、沙丁胺醇、莱克多巴胺、西马特罗及其盐、酯及制剂	所有用途
2	激素类	性激素类	己烯雌酚、己烷雌酚及其盐、酯和制剂	所有用途
			甲基睾丸酮、丙酸睾酮、苯甲酸诺龙、苯甲酸雌二醇及其盐、酯及制剂	促生长
		具有雌激素样作用的物质	玉米赤霉醇、去甲雄三烯醇酮、醋酸甲孕酮及制剂	所有用途
3	催眠、镇静类		安眠酮及制剂	所有用途
			氯丙嗪、地西泮(安定)及其盐、酯和制剂	促生长

序号	种 类		兽 药 名 称	禁止用途
4	抗生素类	氨苯砜	氨苯砜及制剂	所有用途
		氯霉素类	氯霉素及其盐、酯(包括琥珀氯霉素)和制剂	所有用途
		硝基呋喃类	呋喃唑酮、呋喃西林、呋喃妥因、呋喃它酮、呋喃苯烯酸钠及制剂	所有用途
		硝基化合物	硝基酚钠、硝呋烯腙及制剂	所有用途
		磺胺类及其增效剂	磺胺噻唑、磺胺嘧啶、磺胺二甲嘧啶、磺胺甲噁唑、磺胺对甲基嘧啶、磺胺间甲基嘧啶、磺胺地索锌、磺胺喹噁啉、三甲氧苄胺嘧啶及其盐和制剂	所有用途
		喹诺酮类	诺氟沙星、环丙沙星、氧氟沙星、培氟沙星、洛美沙星及其盐和制剂	所有用途
		喹噁啉类	卡巴氧、喹乙醇及制剂	所有用途
		抗生素滤渣	抗生素滤渣	所有用途
5	抗寄生虫类	苯并咪唑类	噻苯咪唑、丙硫苯咪唑、甲苯咪唑、硫苯咪唑、磺苯咪唑、丁苯咪唑、丙氧苯咪唑、丙噻苯咪唑及制剂	所有用途
		抗球虫类	二氯二甲吡啶酚、氨丙啉、氯苯胍及其盐和制剂	所有用途
		硝基咪唑类	甲硝唑、地美硝唑及其盐、酯和制剂	促生长
		氨基甲酸酯类	甲萘威、呋喃丹(克百威)及制剂	杀虫剂
		有机氯杀虫剂	六六六、滴滴涕、林丹、(丙体六六六)毒杀芬(氯化烯)及制剂	杀虫剂
		有机磷杀虫剂	敌百虫、敌敌畏、皮蝇磷、氧硫磷、二嗪农、倍硫磷、毒死蜱、蝇毒磷、马拉硫磷及制剂	杀虫剂
		其他杀虫剂	杀虫脒(克死螨)双甲脒、酒石酸锑钾、锥虫胂胺、孔雀石绿、五绿酚酸钠、氯化亚汞(甘汞)、硝酸亚汞、醋酸汞、吡啶基醋酸汞	杀虫剂

一、严格做好养猪场的饲养管理工作

1. 吃、拉、睡三点必须训练好。

2. 猪棚卫生天天清。

3. 要经常、定期进行消毒。消毒药必须经常、定期的调换。

4. 除了常规的防疫外,还要根据本场和周围场的情况增加特殊的防疫。

5. 人员、生猪、饲料的进出(包括车辆进出),都必须经过消毒,方法有消毒池、紫外灯,消毒泵等,以防疾病传染。

二、微生态—绿色生猪养殖模式(不喂草模式)的要点

1. 猪的品种比较优良,选用的是"杜长大"品种。

2. 种猪饲料用的是美国康地饲料,生长肥育猪用的是浙江清华长三角研究院试验成功的不加抗生素,并且只添加营养需要量的微量元素的健康饲料。

3. 饲养方法采用自由饮水、自由采食的方法。

4. 根据猪的饲养特点,把猪的生长分成五个阶段:哺乳仔猪(出生～30 天);保育猪(30～70 天);小猪(70～100 天);中猪(100～150 天);大猪(150 天至出售期)。

5. 母猪产前 50 天、20 天分别注射猪支原体(霉形体)、肺炎病灭活苗和大肠杆菌疫苗。母猪产前 30 天用芬苯达唑拌料驱虫一次。

6. 哺乳仔猪 5 天左右可以诱食、开食,尽早地锻炼仔猪的肠胃消化道。如有黄痢,可加适量的抗生素拌料进行控制。保育猪阶段如有气喘,也可以添加相应的抗生素进行预防和治疗。如有不明的拉稀现象,可抽粪样进行药敏试验,来对症下药治疗。用药

治疗必须在 100 日龄之内进行。否则只能作普通猪肉处理。

7. 小猪阶段再用芬苯达唑驱虫一次,有利于猪的肥育期生长。

8. 中猪阶段开始增加维生素的用量,以便能更好地改善肉质。

9. 养殖期至 6 月龄至 7 月龄。

10. 养到 6 月龄,随机抽检猪肉到农业部食品质量监督检验测试中心(上海)进行检验。符合 NY/T843 绿色食品肉及肉制品标准的,作为绿色猪肉销售;不合格的作普通猪肉。

11. 生产绿色猪肉的生猪不得患有以下疾病:口蹄疫、结核病、布氏杆菌病、炭疽病、狂犬病、钩端螺旋体病、猪瘟、猪水泡病、非洲猪瘟、猪丹毒、猪囊尾蚴病和旋虫病。要按 GB16549 规定,经动物检疫员实施产地检疫;要取得动物检疫合格证明。否则不能作为绿色猪肉。

12. 绿色猪肉产品经检疫检验应符合鲜(冻)畜肉卫生标准(GB2707—2005),不得检出大肠杆菌 O157、李氏杆菌、布氏杆菌、肉毒梭菌、炭疽杆菌、囊虫、结核分枝杆菌和旋毛虫。否则不能作为绿色猪肉。

三、微生态—绿色生猪养殖模式(喂草模式)的要点

绿色养殖(喂草模式)和绿色养殖(不喂草模式)的不同之处:

1. 绿色养殖(不喂草模式)养殖期至 6～7 个月就上市销售了,而绿色养殖(喂草模式)要 7～8 个月才上市销售。

2. 绿色养殖(不喂草模式)从肥育期开始用添加维生素来提高肉质,而绿色养殖(喂草模式)从肥育期开始喂草一直到上市出售,养殖时间长,肉质比较鲜美,提高了猪肉档次。

第三节　绿色生猪生产技术操作规程

一、保育猪饲养管理操作规程（38～73 日龄）

（一）保育猪绿色养殖操作程序

1. 进舍第 1 天，原产房的 38 日龄仔猪（前后不超过 3 日龄、体重大于 8 公斤以上的健康仔猪），一次性转入保育舍（为了程序清晰，转入保育舍第一天的猪记作 38 日龄）。每栏 8～12 头，占栏面积 0.5 平方米/头左右。

转猪时可同时注射伪狂犬病疫苗；转猪时公母要分开，大小要分开，病弱残次猪要移走，并留一空棚集中处理在生产中需治疗的病猪。

进舍前后各两天在饲料中添加 Vc5×10ppm，以防应激反应。进舍 7 天内继续饲喂原有的乳猪饲料。

2. 进舍第 1～3 天，要对转入的猪精心调教，保证采食、排泄、睡卧三点定位。

进舍第 7～10 天，开始使用绿色保育料，并以 2：1、1：1、1：2 的过渡方式进行三天的饲料过渡。

3. 进舍第 11 天，全部用绿色保育料。保育猪采用自由采食、自动饮水的方式。

4. 进舍第 12 天，注射口蹄疫疫苗。

5. 进舍第 22 天，注射猪瘟二免疫苗。

6. 进舍第 35 天，注射伪狂犬二免疫苗。同时转入生长肥育舍，并称重记录。在转群前后各两天饲料中添加 Vc5×10ppm。在转群前两小时停喂饲料。

7. 36～38 天,猪舍的彻底清洗及消毒、搁置干燥准备进下一批猪。

(二)保育猪绿色养殖应注意的事项

1. 选择猪场断奶日龄在 25～28 日龄的仔猪,采用移走母猪,用原有的乳猪料在原栏饲养 10 天。[21 日龄注射猪瘟疫苗;30 日龄注射蓝耳病疫苗(根据各个场的情况选择是否注射)。]

2. 保育舍采用全进全出制度。在上一批猪全部转出猪舍后须彻底对猪栏进行清洗消毒,并搁置干燥至少 2 天以上,才能转入下一批猪。

3. 舍内温度控制在 20～27℃为好。低于 20℃要采取保暖措施,必要时采用供暖设备;高于 30℃要开门窗通风,高于 35℃采用降温设备降温。但要注意,保育猪身上千万不要冲水。

4. 进猪舍必须换工作服、穿高帮套鞋,并在消毒池或消毒桶里走过后才能入舍。

5. 每隔一周猪舍内外消毒一次,周围如有发病情况需每天消毒一次。猪圈内墙 1 米以上、地面、铁栏,包括净、污走道,粪尿水沟内均要消毒到位。同时对装饲料和出粪的小车及锹、扫把等进行清洗消毒。春夏秋可以带猪消毒,但不得使用对猪身体有腐蚀性的消毒药水。消毒药要每 2 个月轮换一次,避免抗药性。

6. 猪在饲养过程中发现有病要马上通知兽医进行治疗,用药要根据绿色猪肉的药物使用规定。有不明病情通知绿色养殖中心,进行会诊或抽病样进行化验,做到对症下药。

7. 发现有咬尾等恶癖情况,找出被咬的猪进行隔离治疗,涂上紫药水。如攻击猪较厉害,也可以将其移走,以防危害其他猪。

(三)保育猪饲养员日常工作操作规程(见表 4)

表4 保育猪饲养员日常工作操作规程

时间		工作内容	操作程序及要求
上午	8：00	喂料	采用自由采食、自由饮水的方式。将上午的料量投入料槽，宁少勿多，应在下午喂料时槽内基本无余料。前顿的剩料必须清出后才能投料。在喂料时要注意观察仔猪的精神、呼吸、皮肤、粪便形态和采食情况。发现异常及时报告兽医，并配合兽医做好治疗和护理。
	8：30	清扫	清扫过道上的污物；打扫猪栏内的卫生，把猪栏内的粪便、猪尿和垃圾清入粪沟。
	10：00	通风	通过控制门窗的开启程度来调节环境温度，并保持其相对稳定。当外界气温低于15℃，要启用保温设备调整到20～25℃，注意适当地通风换气。当外界温度大于20℃以上可以调整到8：00点就通风。通风时间的长短，根据气温的高低来调节。夏季或春秋季舍内温度高于27℃，通风可以安排在早上喂料之前进行。
	10：10	清粪	清除栏下及粪沟内的粪便，用粪车运至粪便集中场地。
	11：00	冲洗	对漏缝上较脏的地方、栏下地面、粪沟等进行冲洗。注意：千万不能对猪身上冲洗，还应避免淋湿猪的躺卧区和采食区。完成后要冲洗工具及装粪车。

时　间	工作内容	操作程序及要求
下 午		
13：30	其　他	每隔一周猪舍内外消毒一次，周围如发现传染病情况需每天消毒一次。猪圈内墙1米以上、地面、铁栏，包括净、污走道，粪尿水沟内均要消毒到位。同时对装饲料和出粪的小车及锹、扫把等进行清洗消毒。春、夏、秋季可以带猪消毒、但不得使用对猪身体有腐蚀性的消毒药水。消毒药要每2个月轮换一次，避免抗药性。 　　配合兽医进行治疗和免疫注射；配合场内猪群的调整工作。
14：30	清　扫	将猪栏内猪粪、尿及污物清理干净。
15：30	喂　料	投料应保证喂料量在次日早晨喂料前吃完，基本无余料，也无明显舔槽情况（即槽内舔成湿润状）。
16：30	记　录	记录猪只的健康状况和动态状况，记录全天的采食量。

二、小猪饲养管理操作规程(73～110日龄)

（一）小猪绿色养殖操作程序

1. 进舍第一天,把原保育舍73日龄的仔猪(前后不超过3日龄、体重大于20公斤以上的饲喂绿色饲料的健康仔猪),按公母分开,大小合理,分群转入生长肥育舍,每栏10～20头,占栏面积1.2平方米/头左右,各栏头数要一致。病弱残次猪要移走,留一空圈集中处理在生产中需治疗的病猪(转猪时已注射伪狂犬二免疫苗,与前面是同一次)。进舍前后各两天在饲料中添加Vc500PPm,以防应激反应。进舍7天内继续饲喂原有的绿色保育猪饲料。

2. 进舍第 1～3 天,要精心调教,保证采食、排泄、睡卧三点定位。

3. 进舍第 7 天,开始使用绿色小猪料,并以 2：1、1：1、1：2 的过渡方式进行三天的饲料过渡。

4. 进舍第 11 天,全部使用绿色小猪料。每天分上、下午两次投料,每次各投 1/2。投料量以下午基本吃完,第二天早晨投料时槽内无余料;并不出现明显的舔槽现象为好。日喂量可以参考表 5。

表 5　小猪绿色养殖日喂量

体重(公斤)	25	30	35	40	45	50	55	60
日喂量(公斤)	1.2	1.4	1.6	1.8	2.0	2.2	2.4	2.6

5. 进舍第 15 天,要进行驱虫。配合兽医根据驱虫程序进行体内、外寄生虫的驱除工作。

6. 进舍第 22 天,注射口蹄疫二免疫苗。

7. 进舍第 38 天,小猪阶段结束,转入中猪阶段(正好是 110 日龄)。

(二)小猪绿色养殖应注意的事项

1. 把原保育舍的仔猪(74 日龄)转入生长肥育舍饲养,猪舍必须是全进全出,彻底进行清洗消毒,搁置干燥至少 2 天以上,才能使用。

2. 进猪舍必须穿工作服、高帮套鞋,并在消毒池或消毒桶里走过后才能入舍。

3. 猪舍温度控制在 18～27℃ 为好。舍内温度低于 14℃,要加强保暖,可以垫干草取暖、必要时采用供暖设备;高于 30℃ 要开门窗通风降温;高于 35℃ 采用降温设备降温。

4. 在任何情况下,平时不能直接对小猪身上冲水,只有当气温高于 35℃ 时,才能冲水降温。

5. 每天要检查饮水器及栏门等,及时修理和更换不出水和漏水的饮水器等。保证供应小猪有充足和洁净的饮水。

6. 经常注意观察小猪的采食、粪便、精神、步态、呼吸和肤色等情况,发现异常及时报告兽医处理。对病猪做好护理工作,必要时将病猪移至空圈进行特别治疗。

7. 每隔一周猪舍内外消毒一次,周围如有发病情况需每天消毒一次。猪圈内墙 1 米以上、地面、铁栏,包括净、污走道,粪尿水沟内均要消毒到位。同时对装饲料和出粪的小车及锹、扫把等进行清洗消毒。春夏秋可以带猪消毒,但不得使用对猪身体有腐蚀性的消毒药水。消毒药要每两个月轮换一次,避免抗药性。

8. 小猪采用自由采食、自动饮水的方式。

(三) 小猪饲养员日常工作操作规程(见表 6)

表 6　小猪饲养员日常工作操作规程

时　间		工作内容	操 作 程 序 及 要 求
上 午	8:00	喂　料	采用自由采食方式饲喂,投料前应清理料槽,投料量约为日采食量的 1/2。在喂料时,要留心观察猪的精神状态和采食情况,以及呼吸、皮肤、粪便形态等有无异常,发现异常及时报告兽医,并配合做好治疗和护理。
	8:30	清　扫	清扫猪舍及猪栏内垃圾及污物。清扫后的栏面除排泄区外,应无积粪、积尘,墙角、窗户及房梁等无蛛网,内外走道无污物。
	10:00	通　风	舍内温度控制住 18~27℃ 为好。根据气温情况确定窗户的开启程度,防止污浊空气浓度过高。夏季或春秋季舍内温度高于 27℃ 时,通风可以安排在早上喂料前进行。
	10:10	清　粪	将猪栏及粪沟内的粪便清除干净,收集并运到堆粪场。
	11:00	冲　洗	对栏外地面、粪沟、走道进行冲洗。完成后清洗工具和粪车。

续　表

时　间		工作内容	操作程序及要求
下 午	13:30	其　他	每隔一周猪舍内外消毒一次,周围如发现传染病情况需每天消毒一次。猪圈内墙1米以上、地面、铁栏,包括净、污走道,粪尿水沟内均要消毒到位。同时,对装饲料和出粪的小车及锹、扫把等进行清洗消毒。春、夏、秋季可以带猪消毒、但不得使用对猪身体有腐蚀性的消毒药水。消毒药要每2个月轮换一次,避免抗药性。 　　配合兽医进行治疗和免疫注射;配合场内猪群的调整工作。
	14:30	清　扫	同上午。
	16:00	喂　料	同上午。
	16:30	记　录	记录猪群的健康状况和动态及全天的采食量。

三、肥育猪饲养员饲养管理规程(110～210日龄)

（一）肥育猪绿色养殖操作程序

1. 中猪第1天(110日龄记作中猪的第一天),开始用绿色中猪料与绿色小猪料过渡。分三天以2:1、1:1、1:2的方式过渡。

2. 中猪第4天,全部使用绿色中猪料。

3. 中猪第7天,在喂饲料的基础上,每天下午给每头猪喂0.25公斤优质青草,喂好草后再喂料。

4. 中猪第50天,中猪阶段结束。

5. 大猪第1天(160日龄大猪阶段开始),开始用绿色大猪料与绿色中猪料过渡。分三天以2:1、1:1、1:2的方式过渡。

6. 大猪第4天,全部使用绿色大猪料。

7. 大猪第 7 天,在喂饲料的基础上,每天下午给每头猪喂 0.5 公斤优质青草,喂好草后再喂料。

8. 大猪第 50 天(210 日龄),绿色生猪可以出售了。

(二)肥育猪绿色养殖应注意的事项

1. 在肥育期间猪舍温度控制在 15～25℃ 为好。舍内温度低于 14℃,要加强保暖,可以垫草取暖、必要时采用供暖设备;高于 30℃ 要开门窗通风降温;高于 35℃ 采用降温设备降温,也可以对猪体冲水降温。

2. 210 日龄后因销售问题需继续饲养,需饲喂绿色大猪后期料,防止过于肥胖,影响销售。

3. 绿色生猪肥育期日喂量可以参考表 7。

表 7　绿色生猪肥育期日喂量

体重(公斤)	50	60	70	80	90	100	110	120
日喂量(公斤)	2.2	2.6	2.8	3.0	3.2	3.4	3.4	3.4

4. 进猪舍必须换工作服、高帮套鞋,并在消毒池或消毒桶里走过后才能入舍。

5. 每隔一周猪舍内外消毒一次,周围如有发病情况需每天消毒一次。猪圈内墙高 1 米以上、地面、铁栏,包括净、污走道,粪尿水沟内均要消毒到位。同时对装饲料和出粪的小车及锹、扫把等进行清洗消毒。春、夏、秋季可以带猪消毒,但不得使用对猪身体有腐蚀性的消毒药水。消毒药要每两个月轮换一次,避免抗药性。

6. 肥育期间,养殖绿色生猪绝对不用抗生素,如必须使用,那么使用过的生猪就不能作为绿色生猪出售。

（三）肥育猪饲养员日常工作操作规程（见表8）

表8　肥育猪饲养员日常工作操作规程

时 间		工作内容	操作程序及要求
上午	8:00	喂料	采用自由采食方式饲喂，投料前应清理料槽，投料量约为日采食量的1/2。在喂料时要留心观察猪的精神状态和采食情况，以及呼吸、皮肤、粪便形态等有无异常，发现异常及时报告兽医，并配合做好治疗和护理。
	8:30	清扫	清扫猪舍及猪栏内垃圾及污物。清扫后的栏面除排泄区外，应无积粪、积尘，墙角、窗户及房梁等无蛛网，内外走道无污物。
	10:00	通风	舍内温度控制住18～27℃为好。根据气温情况确定窗户的开启程度，防止污浊空气浓度过高。夏季或春秋季舍内温度高于27℃时，通风可以安排在早上喂料前进行。
	10:10	清粪	将猪栏及粪沟内的粪便清除干净，收集并运到堆粪场。
	11:00	冲洗	对栏外地面、粪沟、走道进行冲洗。完成后清洗工具和粪车。
下午	12:30	割草、喂草	喂草量以2小时吃完为准。遇到消毒，喂草可以稍少一些，控制在1小时之内吃完。
	13:30	其他	每隔一周猪舍内外消毒一次，周围如发现传染病情况需每天消毒一次。猪圈内墙1米以上、地面、铁栏，包括净、污走道，粪尿水沟内均要消毒到位。同时对装饲料和出粪的小车及锹、扫把等进行清洗消毒。春夏秋可以带猪消毒，但不得使用对猪身体有腐蚀性的消毒药水。消毒药要每两个月轮换一次，避免抗药性。 　配合兽医进行治疗和免疫注射；配合场内猪群的调整工作。
	14:30	喂料	同上午。
	15:00	清扫	同上午。
	16:30	记录	记录猪群的健康状况和动态及全天的采食量。

注：消毒那一天，草可以少喂一点。

四、绿色饲料加工程序

(一)饲料配方(见表9)

表9　绿色饲料配方

原　料	保育猪配方	小猪配方	中猪配方	大猪配方	大猪后期配方
玉米	278	320	330	330	300
麸皮	10	25	40	50	80
膨化大豆	40	25			
豆粕	102	100	100	100	100
进口鱼粉	20	10	10		
保育猪预混料	50				
小猪预混料		20			
中猪预混料			20		
大猪预混料				20	20
计(公斤)	500	500	500	500	500

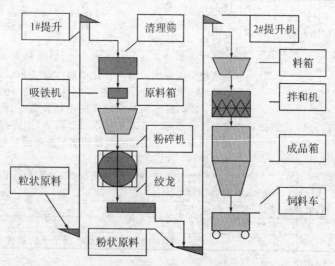

图1　饲料加工工艺流程图

（二）饲料加工工艺（见图 1）

（三）生产程序

根据配方称料。称好后,粒状原料堆放在 1♯提升机进口;粉状原料堆放在 2♯提升机口;预混料也堆放在 2♯提升机口。

粒状原料:玉米、豆粕。

粉状原料:膨化大豆(已粉碎)、麸皮、进口鱼粉、预混料。

1. 启动生产设备。开机程序:从后往前排次序开。拌和机→2♯提升→绞龙→粉碎机→吸铁机→清理筛→1♯提升。

2. 检查。各个机器设备的运转情况是否正常;粉碎机筛片孔径 1.5～2.2 毫米(根据玉米的干湿度来调节,尽可能稍细一点);控制粉碎机的进料量;拌和机尽拌和时间 4 分钟;经常观察电路的电压和设备的电流不能超负荷生产,要注意安全生产。

3. 投料。把称好的料投入提升机。

粒状原料投入 1♯提升机。先投玉米,调节粉碎机电流进行粉碎,再投豆粕进行粉碎。

粉状原料投入 2♯提升机。先投麸皮,再投预混料,最后投膨化大豆及进口鱼粉。

4. 成品打包或进备用仓。

5. 生产完毕关停设备。

关机程序:从前往后关。1♯提升→清理筛→吸铁机→粉碎机→绞龙→2♯提升→拌和机。

6. 整理包装物及工具、打扫卫生。

7. 切断电源、关闭门窗。

五、猪场消毒程序

为有效地将各种疫病拒之门外,保证猪场的正常生产,就必须建立起严格有效的消毒措施。

（一）用具消毒

对铁锹、粪车、扫把等用具在使用后要及时清除附属物，再用清水冲洗干净。对饲料车、料勺、接产箱、仔猪保温箱及补料槽等不易污染物品，也要每周消毒一次，一般情况下可与带猪消毒同时进行。可采用阳光下暴晒消毒，但条件不允许时进行每周一次的药物喷洒消毒。消毒药品可选用消毒威、菌毒杀、百毒杀及好利安等。

（二）器械消毒

对牙剪、耳钳、断尾器、手术剪、手术刀柄、持针钳、注射器、针头、消毒盒（盘）及体温计等器械和用具，使用后要及时去除污物，用清水洗刷干净，然后按器械的不同性质、用途及材料选择适宜的方法进行消毒。其方法有：70％～75％酒精擦拭消毒，开水煮沸消毒，高温消毒柜消毒，消毒液浸泡消毒（0.1％新洁尔灭、0.2％百毒杀、0.5％络合碘等）。

（三）猪体消毒

随时消毒：仔猪断脐、剪号、断尾、阉割等术部及猪只注射、手术等操作部分的消毒，可用2％～5％碘酊或70％～75％酒精。

带猪消毒：一般情况下应每周进行一次带猪消毒，消毒时要考虑天气，温度及猪群健康状况等因素灵活安排。消毒时应认真小心，喷头压力不能过大，给小猪喷雾消毒时要做到让猪体的每个部位都充分接触到消毒液。冬季天冷，应适当加强空气喷雾消毒。猪舍的内部，地面（特别是漏缝地板下的地面）用具也应一并消毒，消毒液的用量应保证每平方米不少于300毫升。在猪场转群时要视情况进行消毒，带猪消毒可选用药物有0.1％新洁尔灭、0.3％过氧乙酸、0.1％次氯酸钠、0.2％百毒杀或好利安、1∶1500的消毒威或菌毒杀等。

（四）猪舍消毒

对空猪舍、空猪栏及售猪栏舍等应及时进行清洗消毒。先清理栏舍内的用具,清扫及清除栏舍内的污物,然后洒水浸泡,再用高压清洗机对地面、栏舍、门窗、墙壁、天花板、用具等彻底清洗(小心电器,注意安全,要断电冲洗),做到不留污物。最后对地面、栏舍喷洒指定浓度的高效消毒剂,消毒液的喷洒量要保证每个部位的充分接触,并积液浸泡,不留死角(常用药物为 3%～5%烧碱液),1～2 天后再用清水冲洗干净。对猪舍的门窗、墙壁及周边道路等可用 0.5%的络合碘,待地面较干后可以再次进行消毒,消毒液用量以被喷洒处挂珠,且有少量积液为宜。有必要时可以进行熏蒸及火焰消毒。消毒药可用 0.1%百毒消或 CID－20,0.2%百毒杀或好利安,0.5%络合碘,1∶1500 的消毒威或菌毒杀等。

猪舍必须干燥 2 天后才能进猪。

(五)环境消毒

猪舍内过道、舍外通道、运粪走道、管理房走廊、解剖台、售猪台、主要道路及路旁植被等一般情况下应每周消毒一次,通常与带猪消毒同时进行,即我们常说的大消毒。消毒前对这些地方要清扫干净,消毒液的喷洒应用高压清洗机进行。售猪台及赶猪通道在每次售猪后都要进行消毒。消毒液用量以被喷洒处挂珠,且有少量积液为宜。消毒药可用 0.1%百毒消或 CID－20,0.2%百毒杀或好利安,0.5%络合碘,1∶1500 的消毒威或菌毒杀等。

(六)门卫消毒

1. 场内员工进出生产区应更换工作服和高帮套鞋并洗手消毒,再经过消毒池进场。工作服下班后置更衣间,用紫外线照射消毒。洗手消毒用药皂,消毒池用 3%～5%的烧碱液。工作人员从外地回场进入生产区要经过洗澡,更换工作服、高帮套鞋,再经过消毒池才能进入。

严格控制外来人员参观等,必须进入生产区时,要药皂洗手、并更换场内的工作服和工作鞋,在场内技术人员的陪同下按指定路线行走。

2.猪场严禁饲养其他动物，如必须养警卫犬，则一定要用铁链拴住。场内食堂不准外购猪肉，职工家中不得养猪，也不得外购猪肉自食。所有进场物品必须经紫外线长时间照射，彻底消毒。

（七）注意事项

1.绿色养殖，不能使用复合酚类的消毒药。

2.消毒要持之以恒，场内发现发病苗头或周围有发病等情况，要加强消毒的力度。不同的消毒药两个月要轮换一次。

3.场内管理人员要对职工经常加强防病、防疫教育，使全场的工作人员都要知道防病、防疫的重要性；要以防为主，从而知道搞好卫生、经常消毒的好处。

六、绿色养殖免疫程序（生长肥育猪）

（一）常规免疫

1.免疫程序：

21日龄注射猪瘟疫苗（在产房哺乳舍）；

30日龄注射蓝耳病疫苗（在产房哺乳舍，可根据各场的自身情况，选择是否注射）；

38日龄注射伪狂犬疫苗（转保育舍时）；

50日龄注射口蹄疫疫苗（在保育舍）；

60日龄注射猪瘟二免疫苗（在保育舍）；

73日龄注射伪狂犬二免疫苗（转肥育舍时）；

95日龄注射口蹄疫二免疫苗（在肥育舍）。

2.特殊情况则要针对性的增加免疫。如本场发现其他传染病、或周围发现其他传染病。同时要加强隔离和消毒，要严禁外人入场。

（二）疫苗的使用方法及注意事项

1.疫苗的正确使用

（1）各类疫苗要有专人采购和保管，以确保疫苗的质量。

（2）各类疫苗在运输、保存过程中要注意不要受热，活疫苗必须低温保存，灭活疫苗要求在4～8℃条件下保存。

（3）疫苗的使用应按免疫程序有计划地进行，接种疫苗必须有技术人员操作，其他人员协助。

（4）疫苗使用前要逐瓶检查其名称、厂家、批号、有效期、物理性状、储存条件等是否与说明书相符。明确其使用方法及有关注意事项，并严格遵守。观察疫苗瓶有无破损，封口是否严密，瓶签是否完整，是否在有效期内，剂量记载是否清楚，稀释液是否清晰等，并记下疫苗生产厂家、批号等，以备案核查。对过期、瓶塞松动、无批号、无详细说明书、油乳剂破损、失真空及颜色异常或不明来源的疫苗均禁止使用。

（5）疫苗接种前，应检查猪群的健康状况，并清点猪头数，确保每头猪都进行了免疫。病猪应暂缓接种。接种疫苗用的器械（如注射器、针头、镊子等）都要事先消毒。根据猪场情况，一猪换一个针头或一圈换一个针头。防止交叉感染。吸苗时，绝不能用已给猪只注射过的针头吸取，可用一个灭菌针头，插在瓶塞上不拔出，裹以挤干的酒精棉球专供吸药用，吸出的药液不应再回注瓶内，可注入专用空瓶内进行消毒处理。

（6）接种疫苗时不能同时使用抗病血清。在免疫接种过程中，必须注意消毒剂不能与疫苗直接接触。

（7）使用疫苗最好在早晨。在使用过程中，应避免阳光下暴晒和高温高热，应置于阴凉处且应有冷藏箱保护。疫苗一旦启封使用，必须当次用完，不能隔日再用。疫苗自稀释后15℃以下4小时，15℃～25℃2小时、25℃以上1小时内用完，最后是在不断冷藏的情况下（约8℃）2小时内用完。

（8）对仔猪进行免疫接种前，要特别注意防止母源抗体对免疫效果的影响，因此必须严格按免疫程序进行。

（9）新增设的疫苗要先做小群试验；对于已确定的的免疫程序上的疫苗品种，在使用过程中尽量不再更换疫苗的生产厂家，以免影响免疫效果，若必须更换的，最好先做一下小群试验。

（10）要防止药物对疫苗接种的干扰和疫苗间的相互干扰，在注射病毒性疫苗的前、后3天严禁使用抗病毒药物，两种病毒性活疫苗的使用要间隔7～10天，以免减少相互干扰。病毒性活疫苗和灭活疫苗可同时分开使用。注射活疫苗前、后5天严禁使用抗生素，两种细菌性活疫苗可同时使用。抗生素对细菌性灭活疫苗没有影响。

2. 注射部位

在以上所定的常规免疫程序中，疫苗都采取肌内注射，将疫苗注射于富含血管的肌肉内。因仔猪感觉神经较少，故疼痛较轻。注射部位在耳根后4指处（成年猪）颈部内侧或外侧或臀部。

3. 注意事项

（1）不可盲目接种。在生猪免疫接种前，首先应对本场和本地附近的猪病流行的规律和情况进行调查研究，指定合理的免疫程序，做到有的放矢。

猪场一旦发生传染病，在查清疫病性质之后，除按传染病控制原则进行诸如检疫、隔离、封锁、消毒等处理外，对疑似病猪及假定健康猪可采用紧急预防接种，预防接种可应用疫苗，也可应用抗血清。

（2）注意疫苗的有效期。选购疫苗时，应根据饲养生猪的数量和疫苗的免疫期限制定疫苗用量计划，并到正规的畜牧部门选购疫苗。不购瓶壁破裂、瓶签不清或记载不详的疫苗，不购没有按要求保存和快到失效期的疫苗。

（3）注意注射的有效剂量，不可过多或过少注射疫苗。疫苗注射过多往往引起疫苗反应，过少则抗原不足，达不到预防效果。疫苗使用前应充分振荡，使沉淀物混合均匀。细看瓶签及使用说明,按要求剂量严格注射,并详细记录注射剂量、日期、疫苗产地、出厂时间等,防止漏防。

(4)不可给发病猪注射疫苗。猪群的健康状况直接影响免疫的成功率。当猪群已感染了某种传染病时,注射疫苗不但达不到免疫目的,反而会导致死亡,或造成疫情扩散。

(5)慎给妊娠母猪注射疫苗。疫苗是一种弱病毒,能引起母猪流产、早产或死胎。对繁殖母猪,最后在配种前1个月注射疫苗,即可防止母猪在妊娠期内因接种疫苗而引起流产,又可提高出生仔猪的免疫力。

(6)不可过早给仔猪注射疫苗。刚出生的仔猪可从母体获得母源抗体,能有效地抗病,除遇特殊情况(如超前免疫),一般不过早接种疫苗。如果过早地注射疫苗,一是仔猪免疫应答较差,二是干扰了母源抗体。所以,仔猪注射猪瘟疫苗应在20～25日龄首免,待60日龄需加强免疫1次。

(7)注意疫苗间的相互影响和两次注射间的时间间隔。注射疫苗以后,生猪需要一定的时间以产生抗体。如果两种疫苗同时注射,疫苗之间会互相干扰,影响抗体的形成,效果往往不佳。所以,注射两种不同的疫苗,应间隔5～7天,最好10天以上。

(8)注射时要严格消毒。注射疫苗时要做好充分的消毒准备,针头、注射器、镊子等必须事先消毒、准备好,酒精棉球需在48小时前准备好。免疫时,每注射一头猪要换一枚针头,以防带毒、带菌。同时,在猪群免疫注射前后,还要避免大搞消毒活动和使用抗菌药物。

(9)注射器刻度要清晰,不滑杆、不漏液;注射的剂量要准确,不漏注、不白注;进针要稳,拔针宜速,不得打"飞针",以确保疫苗液真正足量地注射于肌肉或皮下。接种时要保证垂直进针,这样可保证疫苗液的注射深度,同时还可防止针头弯折。免疫接种完毕后,将所有用过的疫苗瓶及接触过疫苗液的瓶、皿、注射器等进行消毒处理。

（10）免疫接种后要注意观察猪群情况，发现异常应及时处理。个别猪只因个体差异，在注射油佐剂疫苗时会出现反常反应（表现为呼吸急促、全身潮红或苍白等），所以每次接种疫苗时要带上肾上腺素、地塞米松等抗过敏药备用。

七、生产绿色生猪用药规范

（一）生产绿色生猪尽可能不用药或少用药，严禁在饲料中长期添加抗生素。只有在仔猪阶段发病时可以针对性的用一些抗生素，严禁添加生产绿色食品禁止使用的兽药（见表10）。

表 10　生产 A 级绿色食品禁止使用的兽药

序号	种　类		兽　药　名　称	禁止用途
1	β-兴奋剂类		克伦特罗、沙丁胺醇、莱克多巴胺、西马特罗及其盐、酯和制剂	所有用途
2	激素类	性激素类	己烯雌酚、己烷雌酚及其盐、酯和制剂	所有用途
			甲基睾丸酮、丙酸睾酮、苯甲酸诺龙、苯甲酸雌二醇及其盐、酯和制剂	促生长
		具有雌激素样作用的物质	玉米赤霉醇、去甲雄三烯醇酮、醋酸甲孕酮及制剂	所有用途
3	催眠、镇静类		安眠酮及制剂	所有用途
			氯丙嗪、地西泮（安定）及其盐、酯和制剂	促生长

续　表

序号	种　类	兽　药　名　称	禁止用途
4	抗生素类	氨苯砜　氨苯砜及制剂	所有用途
		氯霉素类　氯霉素及其盐、酯(包括琥珀氯霉素)和制剂	所有用途
		硝基呋喃类　呋喃唑酮、呋喃西林、呋喃妥因、呋喃它酮、呋喃苯烯酸钠及制剂	所有用途
		硝基化合物　硝基酚钠、硝呋烯腙及制剂	所有用途
		磺胺类及其增效剂　磺胺噻唑、磺胺嘧啶、磺胺二甲嘧啶、磺胺甲噁唑、磺胺对甲基嘧啶、磺胺间甲基嘧啶、磺胺地索锌、磺胺喹噁啉、三甲氧苄胺嘧啶及其盐和制剂	所有用途
		喹诺酮类　诺氟沙星、环丙沙星、氧氟沙星、培氟沙星、洛美沙星及其盐和制剂。	所有用途
		喹噁啉类　卡巴氧、喹乙醇及制剂	所有用途
		抗生素滤渣　抗生素滤渣	所有用途
5	抗寄生虫类	苯并咪唑类　噻苯咪唑、丙硫苯咪唑、甲苯咪唑、硫苯咪唑、磺苯咪唑、丁苯咪唑、丙氧苯咪唑、丙噻苯咪唑及制剂	所有用途
		抗球虫类　二氯二甲吡啶酚、氨丙啉、氯苯胍及其盐和制剂	所有用途
		硝基咪唑类　甲硝唑、地美硝唑及其盐、酯和制剂	促生长
		氨基甲酸酯类　甲萘威、呋喃丹(克百威)及制剂	杀虫剂
		有机氯杀虫剂　六六六、滴滴涕、林丹、(丙体六六六)毒杀芬(氯化烯)及制剂	杀虫剂
		有机磷杀虫剂　敌百虫、敌敌畏、皮蝇磷、氧硫磷、二嗪农、倍硫磷、毒死蜱、蝇毒磷、马拉硫磷及制剂	杀虫剂
		其他杀虫剂　杀虫脒(克死螨)、双甲脒、酒石酸锑钾、锥虫胂胺、孔雀石绿、五绿酚酸钠、氯化亚汞(甘汞)、硝酸亚汞、醋酸汞、吡啶基醋酸汞	杀虫剂

（二）另外，还不得使用以下兽药

（1）四环素、土霉素、金霉素。

（2）伊维菌素。

（3）酚类消毒剂。

（三）肥育猪阶段绝对不能使用抗生素。如万不得已需要使用抗生素，则该养殖的生猪就不能作为绿色生猪，只能作为普通生猪出售了。

八、其他要注意的事项

（一）生产绿色猪肉的生猪不得患有以下疾病：口蹄疫、结核病、布氏杆菌病、炭疽病、狂犬病、钩端螺旋体病、猪瘟、猪水泡病、非洲猪瘟、猪丹毒、猪囊尾蚴病、旋虫病等。要按 GB16549 的规定，经动物检疫员实施产地检疫，要取得动物检疫合格证明。否则不能作为绿色猪肉。

（二）绿色猪肉产品经检疫检验应符合鲜（冻）畜肉卫生标准（GB2707—2005），不得检出大肠杆菌 0157、李氏杆菌、布氏杆菌、肉毒梭菌、炭疽杆菌、囊虫、结核分枝杆菌和旋毛虫。否则不能作为绿色猪肉。

（三）经抽检达不到《绿色食品——肉及肉制品 NY/T843—2004》标准，也不能作为绿色猪肉。

第五章　菌藻沼液处理模式——养殖排污物最终处理技术

第一节　规模养殖对环境影响的现状及目前所采取的治污方法

（一）规模养殖对环境的污染问题

由于多种原因,我国规模化畜禽养殖场大都集中在城郊,布局密集,靠近居民点、工厂、交通干线,10%的规模化畜禽养殖场距当地居民水源的距离不超过 50 米,40%的规模化畜禽养殖场距离居民或水源地的距离不超过 150 米。养殖场不仅对周边地区带来了环境污染,还在许多地方造成了畜禽养殖场主与居民的环境纠纷。

国家环保总局统计表明,畜禽粪尿及废水的污染负荷超过工业废水和生活污水的总和,再加上养殖场养殖户缺乏环保意识,不重视环境和环境污染,对污染治理缺乏管理经验和防治措施,从而导致畜禽养殖业对水资源、土壤和大气环境造成严重的污染。危及附近居民身心健康,也给养殖自身带来各种疾病。污染主要来自畜禽养殖场的排泄物、有机废水、病源微生物等。

几年前,当生猪养殖业逐步向规模化、产业化方向发展时,不合理的布局和不规范的管理导致这个农村经济的支柱产业成了污染量最大的行业。

大多数养殖场设施简陋,大量的生猪排泄物没有经过处理就直接排放,每天如此之大的污水量没有处理至达标就直接排入江、河、溪,从而导致含有大的量的病原微生物在水体中污染,并引起水体富营养化,危及居民饮用水源;地表水与地下水受硝态氮（NO_3—N）和亚硝态氮（NO_2—N）污染,硝态氮进入人体后能通过酶系统还原为亚硝态氮,轻则引起高铁血红蛋白病,重则致使婴儿死亡。NO_3—N 和 NO_2—N 均为强化高致癌、致突变、致畸,对人体危害十分严重。如此庞大的污染物如果直接排放会给生态环境带来了沉重负担,环境警报频频响起——国内内河水体严重污染;居民生活环境和水环境遭受威胁;海水富营养化日趋严重。

（二）国内现有治污技术

目前,国内大概有四种方式解决养殖场排放污染问题:一是禁养;二是走种养结合的生态循环方式;三是氧化塘自净处理;四是引进国外技术进行排放控制。应该说,前两种方式初步达到了污水排放减量化、无害化、资源化的要求。对于禁养这一方式,在目前全国生猪存栏数不稳定,猪肉供应随时紧张,猪肉价格大幅上涨的情况下,禁养这一方式是否是一个值得推广？而且为了养殖场的拆迁,政府往往要花大笔的财政进行赔偿。

对于种养结合的生态循环方式,无法提供"一头猪一亩地"的农林用地模式,所以也很难推广。

对于氧化塘的自净处理,若使用不当,则会严重渗透地表,污染地下水危及饮水水源,蒸发的气味也会严重污染空气,并占有大量的土地。

对于引进国外技术对猪场进行污染物零排放处理,由于受管理、成本、场地等各种因素制约,很难在全国进行大规模的推广应用。目前沼气处理这一方式虽对畜禽业污染能彻底解决,又能被养殖户所接受,但是沼气处理也只能对污染源起到缓解作用,虽然利用了沼气能源,但它所排出的沼液无法达到国家排放标准,会造成目前养殖业污染严重普遍存在的现象。所以我们研究目的就是提供一个解决方案,既能满足直接排放的标准,成本又低,不管在规模养殖还是中小养殖户中推广的技术,为中国的节能减排做一份贡献。

（三）用菌藻处理沼液达标排放技术

用菌藻处理沼液达到排放标准技术的原理:在传统的复合菌和生物膜基础上添加了生物菌促长素,能迅速使训化后的菌种耐药性增强,藻细胞倍增繁殖,有效地去除了畜禽业污水中的 COD、BOD、SS 含量的 99％和 NH_3—N、TP 含量的 90％以上,减少臭味和脱色,达到国家标准排放。

该技术已在广东等地区应用,其治理后的检测结果均达到国家排放标准。

第二节　用菌藻处理沼液达标排放技术的特点及工艺流程

（一）用菌藻处理沼液达标排放技术的特点

该技术的特点是成本低、无二次污染、可循环使用。该技术不但能彻底治理畜禽养殖业的粪便污水,解决了政府与养殖户对于畜禽养殖的污染纠结,而且能大规模回收稳定、高产、低成本的小球藻、光合细菌、酵母菌、乳酸菌等有益细菌,而获得微生物蛋白源,可再返回畜禽养殖场水产养殖场使用。

该技术运用菌藻生物技术,利用畜禽排泄物产生的污水,运用微生物发酵技术,转化分解污水中的营养物质。再通过适应性广泛、抗病能力强的微藻菌进一步净化污水。

按照资源化、无害化、再生化及实用廉价的原则,使污水达标排放和再利用的菌藻生物技术,创出一条以菌藻生物技术为核心,畜禽——沼液——菌藻——清水为纽带,共生而促的食物链,良性循环与生态平衡为途径的畜禽养殖污水综合治理和回收再利用技术,这具有极好的应用前景。

整个畜禽养殖污染综合治理过程无"三废"排放,整个过程只需 5～10 天左右。该技术能彻底处理畜禽养殖的污染问题,有效地保护社会环境和河道水质,达到治理与回收综合利用的目的。

该技术的使用具有良好的经济、社会、生态效益,实现畜禽养殖、小球藻养殖及其制品、水质环境的可持续发展。

该模式对畜禽养殖企业的环境污染治理和新增经济效益起到了示范作用,可有效地推动全国畜牧养殖健康发展和环境污染治理。

(二)用菌藻处理沼液达标排放技术的工艺流程

菌藻生物工艺处理畜禽养殖废水是通过生物菌和微藻菌共生互促的作用,降低废水浓度、消除养分、减少污染,达到变废为宝、综合利用的目的。该项畜禽废水处理工艺由前期处理、菌藻净化、深层净化三部分组成。工艺流程如图 2 所示。

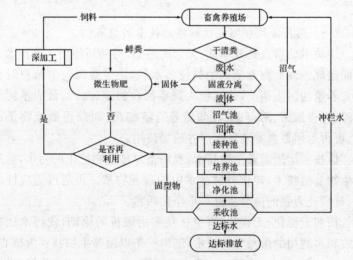

图 2　菌藻处理工艺流程

菌藻处理工艺主要有三个阶段：

1. 前期处理，包括雨水、污水分离，干清粪、固液分离，耗厌双气发酵等措施。

猪场废水和日常雨水、废水分离，避免污染扩大。使用干清粪的方法清理猪舍，降低污水的排量和浓度。拦截畜禽废水中较长纤维、毛等杂物，沉淀畜禽废水中颗粒砂粒。

废水中的悬浮固体物和蛋白质、油脂、表面活性剂及 Ca_2^+、NH_4^+、S^{2-} 等物质，在前期处理阶段通过清除杂物、粪渣、浮渣过程充分减量化，进入接种池的粪污水 CODcr 浓度降低 40％～60％，有效降低了上述物质(含消毒废水)对菌藻接种、繁育过程的冲击和毒害影响，缩短了处理时间。

2. 菌藻消纳，包括膜处理、菌藻种筛选、嫁接、繁育、扩大、消纳、保持等工艺。

根据废水的不同的营养成分和微生态系统调节菌藻种，选择接入点进行嫁接，繁育出抗病力强、适应性强的菌藻种，对其进行不断扩大，达到其能够充分吸收水体养分、吸附重金属、吞噬有害病菌、消纳污水的目的，并保持新的水体微生态平衡。

3. 深层净化，包括轮虫、检测、生态采收、消毒、净化等。

检测水体的养分含量和生态体系，确保 COD、BOD、NH_3-N、TP 达到预期指标，然后运用生态采收法采收达到深层净化的目的，使 SS、粪大肠菌群达到指标。工艺完成，各项指标均优于国家规定的《畜禽养殖业污染物排放标准(GB/T18596—2001)》。

（三）主要技术指标

1.《畜禽养殖业污染物排放标准(GB/T18596—2001)》中规定(见表11)。

表 11　集约化畜禽养殖水污染最高允许日均排放浓度

控制项目	五日生化需氧量(毫克/升)	化学需氧量(毫克/升)	悬浮物(毫克/升)	氨氮(毫克/升)	总磷(毫克/升)	粪大肠菌群数(个/100毫升)	蛔虫卵(个/升)
标准值	150	400	200	80	8	1000	2

2. 菌藻处理后的技术指标(见表 12)。

表 12　菌藻处理后的技术指标

控制项目	阶段	前期处理	菌藻消纳	深层净化	总去除率(%)
COD	进水	10000	5200	1100	
	出水	5200	1100	140	140/10000＝98.6
	去除率(%)	48	77	87	
BOD	进水	6000	4200	720	
	出水	4200	720	45	45/6000＝99.25
	去除率(%)	30	82.80	93.75	
NH_3-N	进水	600	420	240	
	出水	420	240	75	75/600＝87.5
	去除率(%)	30	42.85	68.75	
SS	进水	12000	3600	1800	
	出水	3600	1800	4	4/12000＝99.96
	去除率(%)	70	50	99.97	
TP	进水	80	60	16	
	出水	60	16	5	5/80＝93.75
	去除率(%)	25	73.33	68	
粪大肠菌群	进水	$6*10^5$	$3.6*10^5$	$2.4*10^5$	
	出水	$3.6*10^5$	$2.4*10^5$	$5*10^3$	99.90
	去除率(%)	40	33.33	99.90	
蛔虫卵未检出					

(该项由福建省环境监测中心站委托福建师范大学生物系进行检测)

（四）技术创新点

畜禽养殖废水的特点：排放量大、含氮量高、有机物浓度高，水解、酸化快，沉淀性能好，污水中常伴有消毒水、重金属、残留的兽药以及各种人畜共患病原体等污染物。

1. 解决方案

（1）日本发酵床养猪技术，采用发酵舍垫料养猪，其排泄物不清理直接与垫料混合发酵处理，不产生冲栏污水等污染物，这项先进的技术在日本得到广泛应用。但是该技术引进到中国，各地养猪场应用时，存在以下公认的缺点：

应用该技术必须改建猪舍，传统的猪舍无法使用，所以前期改建投资大。

由于微生物发酵不充分时，粪便转化时散发出的醇、醛、胺、硫醇类及含氮杂环化合物，严重污染猪舍的环境空气，也容易引发生猪的呼吸道疾病。

垫料在发酵粪水时会产生热度，夏天猪根本就无法在这种高热的环境下正常生活。日本因地域限制，多为高层养猪，配有空调设备，可以解决室内温度与湿度并使空气流通。

因此日本的解决方案可以达到控制排放、不造成二次污染的问题，但因其成本过高，并不适合中国国情，无法在中国进行大规模的推广。

（2）中国台湾地区许多猪场都采用"三段式"处理粪便的方法。台湾气候炎热，猪舍和猪身都用水冲洗，以达到防降温的目的，同时也冲洗粪便，因此用水量很大，而且粪与水在一起，处理量也很大。在处理时，首先必须把其中的固体物分离出来，这是第一阶段的固液分离。目前台湾生产的粪水分离机已到达非常实用的阶段，价格也不贵。第二阶段是采用厌氧发酵，即把液体部分在厌氧池内进行沼气发酵，厌氧发酵池是用耐紫外线曝晒的橡塑布、固定在池壁上，并用池内液体高出接口，达到密封的要求。但最后问题还是出在第三阶段,厌氧发酵出水也不能达标,同样需要后续处理。

因此台湾的技术在成本上得到控制,但最大的问题是处理后的污水达不到内地的标准,需要进行二次处理,无法直接排放。

(3)禁养,以福清市龙江流域的污染问题为例,2006年对龙江两岸的1500多家养猪场进行拆除、整治。8年内共投资了10亿元治理龙江,仅猪场拆迁赔偿就近3亿元。

(4)目前,我国大部分采用良好的"畜禽——沼——肥——菜"为循环经济模式的治污技术,但是它有个缺陷是需要大面积的山林或果林等农作物来消耗污水中的养分。按年出栏生猪3万头,用干清工艺冲洗,每天约污水200吨,年产7.3万吨污水,果树、蔬菜、农作物种植一亩年需猪场沼液约15吨,那么73000吨污水需要4866亩面积的土地才能消纳,所以用"畜禽——沼——肥——菜"的模式需要大量的土地,是不适应大型畜牧企业的。

2.菌藻处理的模式

(1)菌藻处理的创新点:达标排放、循环使用、成本低、操作简单。

达标排放。通过我们的工艺对鲜粪水进行前期处理、菌藻消纳、深层净化处理,运用多项专利技术,使其出水指标达到《畜禽养殖业污染物排放标准(GB/T18596—2001)》;又通过分离采集技术对排放水进行进一步的处理,达到回栏冲洗,可进行循环使用。

循环使用。用菌藻生物技术不但能彻底治理畜禽养殖业的粪便污水,解决了政府与养殖户对于畜禽养殖的污染心结,而且能大规模培养繁育出稳定、高产、低成本的小球藻、光合细菌、酵母菌、乳酸菌等有益细菌,而获得微生物蛋白源,可再返回畜禽养殖场使用和进行畜禽养殖污染的综合治理回收,从而生产出微生物有机肥、沼气、小球藻生物制品。

成本低。相对于发酵床养猪技术,不须改建猪舍,传统的猪舍可以继续使用,只要再加建一些废水处理池,前期投资大大减少,对猪舍的环境要求也不高,同时后期的维护与保养成本大大降低。

操作简单、处理周期比较短:整个污水治理过程,用到的机器比较少,主要是采用生物技术,整个过程只需 5～10 天左右,维护比较方便。

（2）存在的几个问题

① 目前的研发阶段已能达到处理的污水达标排放,下一步将加大投入研究如何以广大养殖户能接受的成本达到污水的循环使用。

② 如何进行大规模的推广,因畜禽养殖业的特殊性,养殖人员、养殖地点、养殖方式都有其特点,怎样让他们了解与相信这项技术,因此政府部门必须进行大力的宣传与推广。

③ 进行如何建立产业链,达到畜——肥料——农（林）——饲料——畜的产业循环。

（五）菌藻沼液处理技术的前景

菌藻沼液处理技术能彻底解决畜禽业养殖的污染问题,有效保护社会环境和河道水质,达到治理与回收综合利用的目的,具有良好社会生态效益,可实现畜禽养殖、生物菌种养殖及其制品、水质环境的可持续发展。同时,该模式对畜禽养殖企业的环境污染治理和新增经济效益起到了示范作用,可有效推动畜禽养殖健康发展和环境污染治理同步进行。

国家在"十一五"规划中投资环保总额 13750 亿元人民币,根据投资方向,国家环保总局在"十一五"期间重点解决三峡库区、淮河、太湖、海河、辽河、巢湖、滇池、丹江口库区及其上游、黄河、松花江等流域城镇污水处理率过低的情况,从根本上避免城市污水环境的继续恶化趋势。根据调查结果表明,许多的江河、湖泊富营养化的原因,罪魁祸首是畜禽养殖污水没有治理直接排放造成的结果,根据环保系统统计畜禽养殖业的排放污染物远超工业污水和城市污水的总和。

以广东省为例,2009 年 6 月 12 日南方网最新统计报道,全省畜禽养殖折算为养猪头数,约年存栏数 2000 多万头(出栏数为 4500 万头),按国家畜禽养殖业排放标准计算,每头每日污水量 30 公斤,那么每天 60 万吨的粪尿污水,目前无法得到治理、控制、检测直接排入地表、江河、湖泊,以成为广东省水污染的主要来源之一。广东省目前正寻求治理畜禽养殖污水等新技术,并从财政拨出十几亿元补贴,花大力气来治理水污染。

我们要充分运用好这先进的治污技术,做好畜禽养殖污水治理。从广东省的畜禽养殖现状来看,要治理污水达标排放,按目前的技术有:发酵床生物技术;台湾"三段式"处理粪便方法;内地的猪——沼——菜(果)生态技术。日本技术和中国台湾技术每头存栏猪治污成本在 200～300 元左右,之后运行费用日本技术每头出栏猪 25 元,中国台湾技术 10 元,但中国台湾"三段式"技术目前无法达到国家排放标准。内地的猪——沼——菜(果)生态技术,因无法提供庞大的耕地,也难以推广。

综上所述,用菌藻沼液处理技术处理畜禽业污水的前景非常好。

第三节　中小型猪场污水治理工程设计方案

一、概述

本方案的工程是将当地 20 家的猪场,每家年出栏约 300 头,每天约产生沼液 80 吨,进行集中治理并达标排放。沼液的特点:COD、BOD、NH_3—N 等污染因子浓度高,污水中常伴有消毒水、重金属、残留的兽药以及各种人畜共患病原体等污染物。这些沼液如不处理而直接排入河道将不可避免地污染水源，同时可能造成疾病传播，危害周边地区居民的身体健康及生态环境；为了保护环境，实施环保"三同时"政策，严格控制污染源，统一执行浙江省环境保护局关于污染限期治理的政策。

本处理方案采用养殖场生态治理与回收再利用专利技术，即综合污水处理工艺路线：预处理→菌藻培养→膜处理→轮虫净化→达标排放。

该工艺具有如下特点：

（1）生态治理，成本低廉。

（2）工艺创新，运行费低。

（3）治理彻底，无二次污染。

（4）占地面积少。

（5）处理效果全年稳定达标。

（6）不改变猪场养殖现状，也可远离猪场进行污水处理。

（7）一次性投入永久使用，无环保后顾之忧。

二、污水的水质、水量与处理目标

1. 污水来源及数量

沼液主要来源于粪、尿、饲料、药剂等冲洗污水通过沼气池发酵后。日排放污水80吨。

2. 污水水质水量与处理要求

出水采用《畜禽养殖业污染物排放标准》（GB18596—2001）表5标准限值。

3. 分析进出水质

猪场污水通过沼气池发酵后的沼液（见表13）。

表 13　猪场污水通过沼气池发酵后的沼液

序号	控制项目阶段	COD			BOD			NH$_3$—N		
		进水	出水	去除率（%）	进水	出水	去除率（%）	进水	出水	去除率（%）
1	菌藻处理	10000	5200	48	6000	4200	30	600	420	30
2	膜处理	5200	1100	77	4200	720	82.8	420	240	42.85
3	轮虫净化	1100	140	87	720	45	93.75	240	75	68.75
	总去除率（%）	140/10000＝98.6			45/6000＝99.25			75/600＝87.5		

序号	控制项目阶段	SS			TP			粪大肠菌群		
		进水	出水	去除率（%）	进水	出水	去除率（%）	进水	出水	去除率（%）
4	菌藻处理	12000	3600	70	80	60	25	$6*10^5$	$3.6*10^5$	40
5	膜处理	3600	1800	50	60	16	73.33	$3.6*10^5$	$2.4*10^5$	33.33
6	轮虫净化	1800	4	99.97	16	5	68	$2.4*10^5$	$5*10^3$	99.9
	总去除率（%）	4/12000＝99.96			5/80＝93．75			99.9		

4. 污水水质水量特点分析

污水排放的主要特点为流量变化明显，8:00～12:00 属污水排放高峰期，日排 80 吨。

猪场污水的主要污染因子与生活污水相差极远，采用菌藻生物技术对污水治理工艺较为合适。

三、方案编制原则

1. 排放水质符合国家《畜禽养殖业污染物排放标准》（GB18596—2001）表 5 标准。

2. 因地制宜采用新工艺、新技术,在保证工程目标的前提下简化流程,降低造价。

3. 选用质量可靠,机械化、自动化程度高,能耗低的环保设备和优质材料,保证工程质量且方便管理。

4. 污水处理站总平面布置力求布局合理、紧凑,工艺流程顺畅,环境布局优美,并节约用地。

四、工艺原理及流程说明

1. 预处理:包括雨水、污水分离,干清粪、固液分离,耗厌双气发酵等措施。

猪场废水和日常雨水、废水分离,避免污染扩大。使用干清粪的方法清理猪舍,降低污水的排量和浓度。拦截畜禽废水中较长纤维、毛等杂物,沉淀畜禽废水中颗粒砂粒。

废水中的悬浮固体浓度和蛋白质、油脂、表面活性剂及 Ca^+、NH_4^+、S^{2-} 等物质,在前期处理阶段通过清除杂物、粪渣、浮渣过程充分减量化,进入接种池的粪污水 COD_{cr} 浓度降低 $40\% \sim 60\%$,有效降低了上述物质(含消毒废水)对菌藻接种、繁育过程的冲击和毒害影响,缩短了处理时间。

2. 膜处理:生物膜基础上添加了生物菌促长素,能迅速使训化复壮后的菌种、藻种耐药性增强,藻细胞倍增繁殖,有效地去除了污水 COD、BOD、SS 含量的 99% 和 NH_3-N、TP 的 90% 以上,减少了臭味和脱色,起到保护微生物不受外界侵害作用。

3. 菌藻处理:包括菌藻种筛选、嫁接、繁育、扩大、消纳、稳定等工艺。

根据废水的不同的营养成分和微生态系统调节菌藻种,选择接入点进行嫁接,繁育出抗病力强、适应性强的菌藻种,对其进行不断扩大,达到其能够充分吸收水体养分、吸附重金属、吞噬有害病菌、消纳污水的目的,并保持新的水体微生态平衡。

4. 轮虫净化:包括净化、检测、生态采收、消毒等。

检测水体的养分含量和生态体系,确保 COD、BOD、NH_3-N、TP 达到预期指标,然后运用生态采收法采收达到深层净化的目的,使 SS、粪大肠菌群达到指标。

工艺完成,各项指标均优于国家规定的《畜禽养殖业污染物排放标准》(GB/T18596—2001)表 5 标准。

5. 工艺流程:

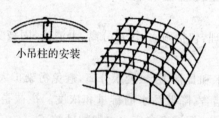

小吊柱的安装

图 3 污水处理站建筑图

五、方案设计范围

1. 污水处理站的处理工艺过程参数的制定。

2. 污水处理站界区外 1.00 米以内的所有工艺管道和线路。

3. 污水处理站的处理工艺流程、工艺设备选型、工艺设备布置和工艺设备、仪表控制设计方案。

4. 污水处理站工艺设备动力配线(控制箱至工艺设备间)的设计方案。

5. 界区内污水处理站的总平面布置。

6. 污水处理站 0.00m 以下(包括 0.00)建筑与结构。

7. 污水处理站 0.00m 以上建筑与结构。

六、方案编制依据

本设计方案编制依据：

☆《中华人民共和国水污染防治法》；

☆《畜禽养殖业污染物排放标准》(GB18596—2001) 表 5；

☆《辐射防护规定》(GB8703—1988)；

☆《工厂企业厂界环境噪声标准》(GB12348—1990)；

☆《工业企业设计卫生标准》(TJ36—1979)；

☆《室外排水规范》(GBJ14—1987)；

☆《建筑给水排水设计手册》；

☆《建筑设计防火规范》(GBJ16—1987)；

☆《混凝土结构设计规范》(GBJ10—1989)。

七、工程布局及结构设计

1. 工程布局。本设计方案结构采取半地埋式组合形式并按设计规范进行了必要的调整，自流进入后续的接种池消化处理，整个系统实现自动化。平面布置根据界区实际情况予以调整，处理系统上可根据需要设置低负荷负载。

2. 结构形式。新建的处理设施，本着安全、经济、利于施工及结构合理的原则选择半地埋式组合结构形式。

本工程新建处理设施均采用水泥砖混结构。

八、设备制作、防腐涂漆等措施

1. 本工程钢结构及处理构筑物的防腐措施，均根据我国颁布的 GBJ46－1982《工业建筑防腐规范》和《化工设备设计手册》(3)

中关于《金属防腐设备》中有关"涂料"的有关说明。

2. 关于结构框架、管道等外壁涂漆参照 Q/ZB77－1973《涂漆通用技术要求》中有关要求制作。

九、电气仪表说明

1. 本污水处理系统动力电采用三相四线制（380V）；各设备名称及功率（见表14）。

表14　电气仪表能耗说明

序号	名称	型号	功率（千瓦）	数量	常用	总功率（千瓦）	使用功率	实际运行电功率（度）
a	循环泵		2.2	1	1	2.2	2.2	5.3
b	污水泵		2	1	1	2	2	4
c	搅拌器		0.75	6	6	4.5	4.5	9
d	微滤机		1.5	1	1	1.5	1.5	6
e	粗格栅		1	1	1	1	1	4
f	细格栅		1	1	1	1	1	4
g	照明		3			3	3	12
h	总功率					15.2		
i	装机容量					18		

2. 污水泵、循环泵、搅拌器等设有熔断器、断路器以及有关控制按钮等元器件加以保护控制。

3. 有关电力线的型号、规格以及敷设方法根据污水站实际情况及今后工程设计加以确定。

4. 对有关电气设备连接、安装、调试，按国家有关规范进行安装施工和测试。

十、工程建设投资核算表

按全部新建设计,污水处理全部采用污水处理站模式。

工程建设投资核算详(见表15)。

表15　工程建设投资核算

序号	名　称	规格、型号	单位	数量	总价(万元)	备　注
	A. 土建部分					
1	土方开挖		m^2	800	0.4	
2	菌藻池	200 m^2	m^2	2	4	
3	生物膜板池	200 m^2	m^2	1	2	
4	轮虫净化池	200 m^2	m^2	1	2	
5	管理房	20 m^2	m^2	1	1	
6	干化场	30 m^2	m^2	1	0.3	棚式
7	小　计				9.7	
	B. 设备材料及安装部分					
8	污水泵		台	1	0.3	
9	循流泵	QSB2.2、N=2.2kW	台	1	0.2	
10	微滤机	WQ15-8-0.75、N=0.75Kw	台	1	2	
11	搅拌器		台	6	0.6	
12	粗格栅		个	1	0.5	
13	细格栅		个	1	0.5	
14	生物膜		m^2	100	5	

序号	名　称	规格、型号	单位	数量	总价（万元）	备注
15	藻　种	10 吨	吨		5	
16	菌　种	10 吨	吨		5	
17	电气控制系统		套		1	
18	工艺管道及阀门		套		1	
19	安装费				1	
20	小　计				22.1	
	C. 设计、调试技术部分					
22	设计费				1	
25	工　资				2.5	
26	运输费				2	
27	小　计				5.5	
29	合　计				37.3	

　　注:1.场方总电源接入污水处理站电控柜、自来水引入、处理区块覆土绿化等公共工程由场方另行委托设计、施工。

　　2.本污水处理工程建设投资核算不包括水质监测及土方外运费用。

十一、工程经济技术指标及运行费用概算

　　（1）工程总投资　　　　　37.3 万元

　　（2）占地面积　　　　　　约 850 平方米

　　（3）日常运行费用　　　　0.477 元/吨水

表 16　工程经济技术及运行费用核算表

序号	名　称	计　　算	单位费用（元/吨 沼液）
1	电耗	44.3(度)×0.5 元÷80(吨/天)	0.277
2	药剂费		0.100
3	维护费		0.100
4	运行费用		0.477

说明:其中电费 0.50 元/度

十二、工程效益分析

本工程为环境保护项目,以削减污染物为主要目的,其效益主要体现在社会效益和环境效益方面。

(1)污水处理站的建成营运后,可有效解决猪场污水排放的污染问题,保证处理后的污水能达标排放,提高地区地面水环境质量,消除外排污染物可能造成的潜在环境危险,保障周围居民的身心健康,大大改善居民的工作与生活环境。

(2)污水处理站投入营运后,每天可减少环境污染量:COD_{cr}:400 公斤;BOD_5:300 公斤;$NH_3—N$:40 公斤,大大降低了对周围水环境的影响。同时,经处理达标排放后的污水可综合回用于绿化用水。

(3)沼液分离的固体物,收集在干化场集中处理,生产有机肥料。

十三、调试和操作运行管理

工程调试工作分两个阶段:第一阶段为设施单机运行调试(包括管道清扫工作、动力设备试车及清水流程打通工作等),同时对操作人员进行培训工作。第二阶段为工艺技术调试阶段,包括菌种培养、处理设备最佳运行参数的选择和确定及各类仪表的正常运行调试工作。同时对工艺技术资料进行总结,提出对运行时出现的异常现象时的各种修正措施,为建设方提出一整套科学管理的技术资料。

十四、结论及建议

1. 以上所编制的污水治理工程设计方案,系根据目前国家《畜禽养殖业污染物排放标准》(GB18596—2001)表 5 标准限值,以科学有效的治理工艺技术路线编制而成。

2. 使用沼气处理工艺无法达到排放标准,必须采用菌藻生物技术工艺方能解决 COD、BOD、$NH_3—N$ 等排放指标问题。目前大量实践证明,在猪场污水处理工程项目中,沼气处理工程运行过程中无法达到真正的排放指标,且污泥产生量大,系统堵塞现象时有发生,维修困难。

3. 菌藻生物技术工艺使用于猪场污水处理工程,从其技术实施内容、管理、运行的稳定性及长效性、处理效果的真实性、运行过程维修等方面均有其显著的特点,具有极大的科学性与先进性。

4. 工艺的有机结合具有其工艺的先进性,从投资角度上,为了考虑适应激烈的市场竞争需要,尽力降低内部成本,使本工艺在总投资方面不高于无动力工艺,从而体现其经济的合理。

第六章　桃设施栽培技术

第一节　桃设施栽培概况

一、桃设施栽培

桃设施栽培有设施避雨栽培和设施促成栽培两种,前者是指用各种建材建造成棚架设施,棚架四周不封闭,避免阴雨、霜冻、冰雹等不良气候对桃树生长造成影响,确保稳定产量,提高品质。后者是指采用各种材料建造成有一定空间结构,有良好采光,能增温和保温效果的棚室设备。南方地区正在示范、推广,是一种反季节、超时令的栽培技术,能使果实提前成熟,淡季上市,获得较高利润。

二、设施栽培特点

（一）上市早,收益高

桃果不耐贮藏,露地栽培的鲜果一般在 5 月下旬至 9 月上旬成熟,设施促成栽培的桃成熟期一般比露地栽培提前 20～50 天,大约在 4～5 月份上市,此时正值水果淡季,是"贮果"与"鲜果"的交界期,人们对反季节的鲜桃备受青睐,销售价格高,经济效益好。

（二）减轻污染，改善品质

设施促成栽培属集约化的精细管理，在人工控制的小气候条件下进行桃树的促早栽培，病虫害轻，可有效地进行生物防治和综合防治。不用或少用农药，最大限度地减少了农药污染，多施有机肥，少施化肥，进行集约化管理，从而提高了果实品质，生产出无污染的"绿色果品"；设施避雨栽培，病虫危害轻，污染减少，特别是成熟期能避免多雨对桃果品质的影响，能提高糖度，增加优质果率，生产出整洁亮泽、风味浓郁的绿色食品。

（三）调节熟期，利用劳力资源

设施栽培的主要工作在冬春两季，可充分利用此时的闲散劳力进行生产。还可根据品种和成熟期合理运用罩棚时间来延长成熟期，调节市场，创造更高的价值，增加农民收入。桃的促早栽培，单位面积的栽培密度大、投产早，可以充分利用土地。

（四）回避自然灾害，稳定生产

设施避雨和设施促成栽培在人为控制的条件下最大限度地满足桃生长所需要的条件，可免除寒流、风雨、雹害的侵袭，稳定生产。

（五）投资大，技术性强

设施栽培需要一定的建筑材料，保温、防风材料，这均比露地栽培投资大、成本高。还要进行精细化管理，技术要求较为严格，须科学对待。

第二节　桃设施避雨栽培

一、桃避雨栽培的生产现状

　　南方地区,近几年异常气候频繁发生,早春桃树开花时常受低温、霜冻影响,导致桃树不能正常开花结果,桃树生长成熟季节易受冰雹、阴雨等灾害天气影响,发病烂果率高,糖度下降,品质降低。我们借鉴南方葡萄设施避雨栽培的成功经验,试应用桃树设施避雨栽培,它不是传统意义上的设施促成栽培,而只是在桃树生长季节通过设施避雨,免除寒流、风雨、雹害的侵袭,稳定生产。

　　2010 年,浙江嘉兴新建了 6.5 平方千米桃树连栋设施避雨大棚,其中新种油桃、蟠桃 1.2 平方千米,老桃园改建 5.3 平方千米,一年的试验调查,达到了预期的效果。

二、桃避雨栽培用材和种植品种

　　成林桃园可用水泥柱做立柱,镀锌钢管作拱架,按成年桃树畦向,搭建成桃树避雨设施,一行桃树搭一只避雨棚,新建桃园棚宽8 米,每棚种 2 行桃树,二主枝或三主枝养成,树高适当放低。棚的拱高一般在 3.0～3.5 米,肩高 2.0～2.5 米。覆盖的塑料薄膜采用透光率高、无滴、耐酸碱、无毒、使用期长的聚乙烯长寿无滴多功能薄膜,并采用摇杆设计,在田头摇动手杆,塑料薄膜便会自动收拢和铺开,可根据生长季节和天气情况进行调节。种植品种以油桃、蟠桃和早、中熟的水蜜桃为好。

三、桃避雨栽培应用情况

　　2010 年在建好的设施桃园开展了生长发育及品质情况调查，生长发育调查方法为在成林桃园选择长势较一致的设施桃、露地桃各 2 株，每株桃树选择离地 1～2 米树冠中部的 15 个桃子，每周调查一次纵、横径情况（表 16 中数据是成熟采收前最后一次调查的数据）；果实品质调查方法为通过目测以底色完全转白或转黄为基准，选择色泽和大小均匀一致的 20 个果，采后立即运往实验室测定果实重量、可溶性固形物含量，其中可溶性固形物含量测定采用日本原装进口的无损伤糖度仪，测定果实对称两个面中间一个点的数据。以二区的合计平均数作分析，横径、纵径避雨栽培湖景蜜露桃为 69.3 毫米、64.5 毫米，玉露桃为 67.1 毫米、64.4 毫米；露地栽培湖景蜜露桃为 68.6 毫米、63.2 毫米，玉露桃为 69.2 毫米、64.3 毫米。桃重量避雨栽培湖景蜜露桃为 208.9 克，玉露桃为 204.6 克；露地栽培湖景蜜露桃为 203.6 克，玉露桃为 199.3 克。从表 17 数据看，避雨栽培对桃生长发育及单个重量没影响；糖度避雨湖景蜜露桃为 12.35％，比露地湖景蜜露桃的 11.65％提高 0.7％，避雨玉露桃为 13.4％，比露地玉露桃的 12.7％提高 0.7％，说明避雨栽培对提高桃糖度有作用，并且今年桃成熟季节，气候干燥，没有明显降雨天气，如遇连续降雨，避雨栽培对提高桃糖度的作用将更加明显。

表 17　避雨栽培桃发育及质量调查表

项　　目	品　种	横径（毫米）	纵径（毫米）	重量（克）	糖度（％）
湖景蜜露	避雨栽培	69.30	64.50	208.90	12.35
	露地栽培	68.60	63.20	203.60	11.65
玉露	避雨栽培	67.10	64.40	204.60	13.40
	露地栽培	69.20	64.30	199.30	12.70

第三节　桃设施促成栽培

一、品种选择

桃设施栽培,是在特定条件下使桃树在早春生长、发育、开花、结果,提早上市。因此品种选择是设施促成栽培成功的关键。

（一）品种选择原则

1. 选择早熟品种,果实生育期以 60～70 天为宜,成熟期过迟,露地品种桃上市,达不到淡季供应目的,效益降低。

2. 选择需冷量低,自然休眠时间短的品种。以 7.2℃ 以下、累计低温时数 850 小时以下为宜。

3. 选择复花芽多,花粉量多,自花结实率高,丰产稳产的品种。

4. 选择树体矮化,树冠紧凑,定植当年成型,翌年开花结果的品种。

5. 选择结果早,果型大,色泽艳丽,外观美,品质优的品种。

6. 在同一设施条件下,选配 2～3 个花期相同,成熟期接近的水蜜桃、油桃均可,以便相互传粉,提高座果率,增加产量。

（二）栽培品种

根据以上品种选择原则,在南方普通水蜜桃设施促成栽培可选用早霞露、雪香露、玫瑰露、霞晖 1 号、红艳露、雨花露、雪雨露。油桃品种可选曙光、瑞光 3 号、沪油桃 002、沪油桃 004、沪油桃 018 等品种。

二、栽植密度

（一）高密植栽培　设施促成栽培采用高密植栽培,株行距以 1.0～1.5 米×2.0～2.5 米,具体根据地力、管理水平、整形方式而定。这样可以达到早结果、产量高、效益快。

（二）品种搭配　多数桃品种为自花结实,但温室或棚架栽培不同于露地,为了提高坐果率,最好配置 2～3 个品种种植于一个室内或棚内,普通桃和油桃均可互相搭配种植。

三、整形修剪技术

（一）树形

树形要根据空间小、光照差的状况,而桃本身又是喜光树种,且干性弱,树冠开张,因此树形的选择既要考虑设施状况,又要照顾桃树自身特点,以利于通风透光,最好采用两主枝开心形或"Y"形。

（二）整形修剪

整形要掌握"因树修剪、随枝造形、有形不死、无形不乱"。修剪上要掌握以轻为主,轻重结合,骨架枝需适当重剪,结果枝适当长放轻剪。幼树骨架枝修剪还需做到强枝重剪,弱枝轻剪,正确促控,平衡树势,合理用光。要达到枝组健壮,又能形成大量果枝,除冬季修剪外,还应加强夏季护理,摘心、扭梢、拿枝、拉枝、回缩等措施结合运用,以达到早结果、早丰产的目的。

四、设施类型及扣棚时间

在桃促早栽培中,设施是栽培的条件,设施本身设计是否合理,建造质量的好坏,直接影响其升温、保温和采光的效果。设计合理且建造质量好的日光温室或塑料大棚,对促早栽培桃的效果好,果实成熟早,品质优良,丰产,经济收益也高,因此设施的建造是促早栽培的基础条件。设施的设计、建造,应在采光、保温的前提下满足桃的生长发育需要,以获得较高的果实品质和产量。

(一)桃促早栽培设施的类型

桃促早栽培设施的类型可分为日光温室和塑料大棚两种。一般在北方寒冷地区采用日光温室,还需要挖防寒沟,覆盖草苫等保温设备,必要时还需要利用加温设备。在中、南部地区可采用日光温室或塑料大棚的任何一种,一般只需保温设备。日光温室造价高,果实的成熟期早;塑料大棚的造价低,果实的成熟期稍晚。在北方,日光温室栽培的桃可比塑料大棚栽培的桃早熟7~10天。

1. 塑料大棚 用于桃栽培的塑料大棚有竹木结构和钢骨架结构两种。为了减少立柱,方便作业,减少遮光,竹木结构的塑料大棚采用悬梁吊柱结构。具体为:用25厘米长、4厘米粗的木桩作小吊柱,小吊柱的两端4厘米处钻孔,立在拉杆上,顶住拱杆,用细铁丝穿过钻孔,上端固定在拱杆上,下端固定在拉杆上(见图4)。

为了克服竹木结构大棚不耐腐的缺点,可以采用钢骨结构大棚,虽然一次性投资较大,但使用年限长,坚固性好(图5)。

建造塑料大棚时,要尽可能使棚面有一定的弧度,因为大棚的棚面平坦是导致棚膜破损的主要原因。同时还要考虑大棚的高跨

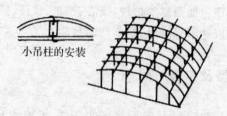

小吊柱的安装

图4 竹木结构悬梁吊柱大棚示意图

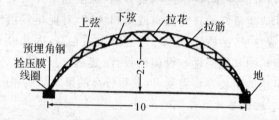

上弦　下弦　拉花　拉筋

预埋角钢
拴压膜
线圈

地

2.5

10

图5　钢骨结构大棚示意图(单位:米)

比,高跨比不应小于0.25,即矢高/跨度≥0.25。

　　总的结构要求大棚跨度10～12米,矢高2.5～3.5米,长度50～60米,一般每个棚内面积为533～666.7平方米。中柱为木杆或水泥预制柱,纵向每3.0米1根,横向每排4～6根,间隔3米。由木杆或竹竿作纵向拉梁把立柱连成一个整体,在拉梁上每个拱杆下设一个25厘米左右高的吊柱,上端固定在拱杆上,下端固定在拉杆上。拱杆用4～5厘米宽的竹片或直径3厘米的竹竿制成,间距80～100厘米,固定在各排柱与吊柱上,两端插入地下。盖好塑料薄膜后,用8号铁丝或压膜线压紧薄膜,两端固定在地锚上。

　　2. 节能型日光温室　在桃的促早栽培中,节能日光温室种类繁多。近年来节能日光温室正在向提高中脊、增高后墙、增大后屋面仰角、缩短其投影长度,改进采光屋面形状,减少立柱,采用异质复合墙体等方向发展。这种日光温室保温性能好,适于北纬35°以北地区的桃促早栽培。

(1) 光温室的设计　日光温室东西走向,坐北朝南,各地区根据本地方位向东或向西偏5°左右。为了使温室能最大限度地接收日光能,并有良好的保温效果,必须重视日光温室的合理设计。

温室的长度、宽度和高度,不仅直接决定着温室中的可利用空间的大小,而且对温室的升温、保温性能有直接的关系。实践表明,我国北方栽植桃的日光温室以长度60～100米、宽度7.5～8.5米、高度3.5米最为适合,长度、宽度和高度过大或过小均不利于温室的升温和保温,同时也影响温室中的操作与管理。

温室的方位和间距。为了使温室能最大限度地接受太阳辐射,在我国北方地区温室方位以东西向为好,但在东北、华北北部冬季严寒地区和上午多雾地区,温室以东西向略偏西5°为宜,而在华北中部、南部上午少雾地区则应向东偏5°,以利于上午充分接受阳光照射。温室和温室之间的间距,以两倍温室高度值为宜,温室间距过小时冬春季遮阴影响温室升温,过大时土地利用率降低。

温室棚膜角度。温室棚膜面是阳光进入温室的唯一通道,棚膜角度的大小直接关系到温室内接受太阳光照的多少,对节能型日光温室来讲,温室棚膜角的设计具有十分重要的决定性作用。一般节能型日光温室结构上关键的棚膜角主要有三个,即底角、棚角和后檐仰角。

底角即温室南面棚膜和地面的夹角,其合适角度为60°～65°,底角过小不仅影响光照和温室建造,而且影响植株生长和整形。

棚角即主棚面与水平线的夹角,该角度直接关系到日光进入温室的状况,是温室棚面设计中最为重要的一个因素,随着一个地区纬度的不同,棚面角角度随当地的地理纬度不同而有所差异(见表18),其简便的计算方法是:棚面角＝当地纬度－16.5°。

表18　不同地理纬度地区温室棚面角角度

纬度	37°	38°	39°	40°	41°	42°	43°	44°	45°
屋面角	20.5°	21.5°	22.5°	23.5°	24.5°	25.5°	26.5°	27.5°	28.5°

　　后檐仰角大小决定着温室后墙和后檐受光状况,我国北方合理的后檐角为40°~45°

　　我国各地桃节能型日光温室设计时可参照表19。

表19　我国不同纬度地区节能日光温室设计参数

纬度(°)	32	33	34	35	36	37	38	39	40	41	42	43
脊高(米)	3.3	3.3	3.5	3.5	3.5	3.5	3.5	3.5	3.5	3.5	3.5	3.5
纬度(°)	8.0	8.0	8.0	7.6	7.5	7.4	7.0	7.0	7.0	6.8	6.7	6.5
后屋面投影长(米)	1.0	1.2	1.2	1.2	1.2	1.3	1.3	1.3	1.5	1.5	1.5	1.5

　　(2)节能日光温室的结构与建造　节能日光温室的结构:前屋面与后坡为一体化的钢骨架,跨度7.5~8.0米,脊高3.5米,后墙为砖砌空心墙。屋内无支柱,作业方便。采光好,空间大,保温性能好,坚固耐用(见图6)。

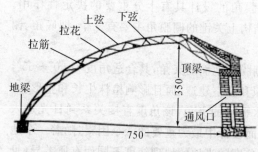

图6　节能日光温室的结构图

节能日光温室的建造:日光温室东、西、北三面可用砖、土坯、泥土等筑墙。墙的厚度应大于当地冬季冻土层的厚度,墙厚应在0.6~1.0米,为增强保温效果,墙为空心墙体,同时砌墙时在后墙上距墙基1.5米左右高度处,每间隔4米设一个长、宽各为50厘米的通风窗。温室东西两侧设门和作业室。温室前方距前棚面30厘米处应控深度，宽度大于当地冻土层厚度的防寒沟，内填秸秆等防寒物。

日光温室的棚面框架可因地制宜采用钢材、木材、竹子、水泥等制作。用钢材制作框架，遮阴面积小，而且省去了温室内的立柱，值得推广应用，钢框架制作时采用直径16毫米和12毫米圆钢焊接成双拱形花钢筋架，粗钢筋在上，细钢筋在下，两者之间距离约20厘米，用直径10毫米圆钢呈"人"字形连接。钢架间的距离根据抗压状况而定，一般在60～80厘米，冬季雪大的地区架距稍小，冬季不易积雪的地区架距稍大。拱架前部呈圆弧形垂直落地，拐弯处至少高出地面1.1米。拱架上端搭在后墙上，其后屋面铺木板，木板上抹草泥，后屋面下部分1/2处铺炉渣或珍珠岩作保温层。南方一般采用水泥柱作立柱，钢管、竹竿等作拱棚材料，最好南北走向，以利于通风透光。

（二）常用棚膜类型及其特点

日光温室的棚膜质量对温室增光增温和桃生长、结果有重要的作用。当前供温室应用的棚膜种类很多，其中最适于桃日光温室采用的是聚乙烯长寿无滴多功能薄膜，它具有透光率高、无滴、耐酸碱、无毒、使用期长等多种优点。除此之外，近年来新研制的乙烯—醋酸乙烯多功能复合膜（简称EVA膜）也是一种综合效果良好、适于在桃温室上应用无滴透明、高效的新型多功能膜。

塑料大棚进行桃的栽培多在早春，这时日照时间已经延长，光照强度也增加，不需要覆盖无滴膜，可选用普通聚乙烯薄膜，以降低成本。常用的棚膜有以下几种：

1. 聚氯乙烯（PVC）薄膜这种棚膜保温性、透光性好，柔软易造型，适合作为温室、大棚及中小棚的外覆盖材料。缺点是：薄膜比重大（1.3公斤/厘米），成本较高；膜面吸尘，影响透光；残膜不可降解和燃烧处理。聚氨氯乙烯膜主要有：

（1）普通PVC棚膜　使用期为4～6个月，可生产一季作物，目前正逐步被淘汰。

（2）PVC防老化膜 有效使用期8～10个月，有良好的透光性、保温性和耐寒性。

（3）PVC无滴防老化膜 同时具有防老化，流滴特性、透光性和保温性好，无滴性可保持4～6个月，安全使用寿命达12～18个月，应用较为广泛，是目前高效节能型日光温室首选覆盖材料。

2.聚乙烯树脂（PE）薄膜是我国目前主要的农膜。其缺点是保温性差，不易黏结。如果生产大棚薄膜，必须加入耐老化剂、无滴剂、保温剂等添加剂改性，才能适应生产要求。聚乙烯树脂主要有：

（1）普通PE棚膜 不添加耐老化等助剂直接用原料吹塑生产的白膜，使用期仅4～6个月，生产上逐步被淘汰。

（2）PE防老化棚膜 在PE树脂中加入防老化助剂经塑成膜，这种棚膜厚度0.08～0.12毫米，使用期长达12～18个月，可进行2～3季作物栽培，不仅使用期长，成本降低，节能，而且产量与产值大幅度增加，是目前设施栽培中重点推广的农膜。

（3）PE无滴防老化膜 具有抗滴性、透光性和保温性好等多重优点。防雾滴效果可保持2～4个月，耐老化寿命可达12～18个月，是目前性能较全，使用广泛的农膜。

（4）PE保温棚膜 这种农膜，能阻止红外线向大气中辐射，可提高大棚保温效果1～2℃，在寒冷地区应用效果较好。

（5）PE功能复合膜 具有无滴、保温、耐候、长寿等多种功能，如调光膜能对光线进行选择性透过，充分利用太阳光能。

3.乙烯—醋酸乙烯共聚物（EVA树脂）。棚膜EVA树脂是近年来用于农业的新的农膜原料，用其制造的农膜，透光性、保温性及耐候性都强于PVC或PE薄膜，连续使用两年以上，老化前不变形，用后可方便回收，不易造成土壤或环境污染。

（三）扣棚时间

桃树扣棚升温前提是桃必须经过一定的低温时间，满足其需冷量，打破自然休眠期。扣棚、升温时间要根据当地气候及品种而定，先要明确所栽品种的需冷量，再根据当地测定的日平均气温在7.2℃以下的积温的低温时数，确定该品种扣棚升温要求，逐步达到夜间 7～10℃，白天 20～25℃，湿度 60%～70%。花期湿度不宜过高，否则造成霉花，影响授粉着果，这时湿度控制在 50%～60%，开花时注意开棚排湿、换气。

五、温湿度控制及补充二氧化碳

（一）温湿度控制

设施促成栽培的温度、湿度、光照、二氧化碳等与外界环境大不相同，为满足桃树生长发育对这些条件的需求，要严格调节和控制。各生育期的温湿条件及其主要管理措施（见表 20）。

温度管理在开花到开花后 30 天内最关键，特别是盛花期、果实膨大前期，中午高温和夜间低温差异过大，影响坐果率，造成畸形果和突尖果增多。所以，白天换气、夜间保温非常重要，如果遇到连续数日的阴雨天，必要时可辅助加温。

表 20　设施栽培大棚桃不同生育期的适宜温湿度及管理

生育期	温度（℃）		相对湿度（%）	主要栽培管理措施
	最高	最低		
催芽期	28	0	80	休眠结束后覆盖膜，催芽
萌芽期	28	0	70～80	灌水后覆盖地膜，提高花期土温
始花期	28	5	50～60	注意通气
盛花期	22	5	50～60	忌高温多湿，人工授粉或放蜂

生育期	温度（℃）		相对湿度（%）	主要栽培管理措施
	最高	最低		
落花期	25	5	50～60	抹芽
生理落果	25	5	60以下	第一次疏果
新梢速长	25	10	60以下	第二次疏果、抹芽、疏枝等管理
硬核期	25	10	60以下	灌水
果实膨大期	25	10	60以下	定果
果实着色期	28	15	60以下	利用反光膜以提高着色度
采收期	30	8		逐步去掉塑料膜
采收后				回缩，其他与露地相同，控制树高

（二）补充二氧化碳

绿色植物通过光合作用制造碳水化合物，而光合作用的主要原料是二氧化碳和水。在棚室内，桃树进行光合作用，二氧化碳消耗较多，因此必须及时补充二氧化碳。用人工方法补充二氧化碳，供桃树吸收利用，通常称为二氧化碳施肥，这已成为桃树设施栽培生产的常规技术，不仅增产效果显著，而且还能改善品质和增强抗性。补充的方法很多，主要有：

1. 增施有机肥。土壤增施有机肥和地面盖草，不仅改善土壤理化性质，而且还能促进根系的吸收作用和微生物活动分解，释放过量二氧化碳。据报道，1000公斤有机物能释放1500公斤二氧化碳。

2. 通风换气。在保证室温前提下，打开通风口，通过室外空气对流，使室内二氧化碳得以补充。一般在上午9时至下午3时，每天通风换气，当温度达到25℃以上，开始通风换气，温度降至22℃以下，要关闭通风口。

3. 施固体二氧化碳肥。使用方便,肥效长达 90 天,一般每 666.7 平方米施固体二氧化碳肥 40～50 公斤,施后一周开始释放二氧化碳。可在桃树展叶前 5 天施入,在行间开 20 厘米条状沟,施入覆土。

六、花、果期管理

(一)放蜂

除人工授粉提高座果率外,在室内放蜂也是行之有效的方法。开花前 5 天,每 666.7 平方米需放蜜蜂 1 箱。

(二)综合管理措施

提高座果要依靠综合管理措施,同时还需掌握好扣棚时间。扣棚后不宜升温太快,而应逐步升温,从扣棚到桃树开花应待续五周左右。整个花期要掌握适温低湿,温度夜间最好保持在 10℃以上,白天 22～25℃,相对湿度 50％～60％。

(三)加强根外追肥

每 10～15 天叶面施肥,如磷酸二氢钾、微量元素复合肥、稀土多元复合肥、氨基酸复合微肥以及利果美等,均可增强树势,促进花芽形成。具体使用浓度、时间详见露地桃树施肥技术。

第四节　桃设施病虫害防治

一、防治原则

在桃树病虫害防治中,应遵循"预防为主、综合防治"的原则,综合应用多种方法(如农业防治、物理防治、生物防治和化学防治等),充分发挥各种措施的综合效应,把病虫害控制在经济成本允许范围之内。

优先选用农业防治、物理防治、生物防治的方法,尽量减少化学农药的使用,既降低成本,又减少化学农药所产生的不良反应,提高经济效益和生态效益,形成良性循环。

二、防治方法

(一)农业防治

农业防治是绿色果品生产中病虫害防治的首选技术,农业防治主要是通过加强或改进栽培技术措施,增强树体的抗逆性,消除病虫害发生的条件或直接消除病虫源。其主要措施有:

1. 以预防为主,实行植物检疫 这项措施可以及时预防危险性病、虫、草等新的有害生物的传入和扩散,尤其是从外地引进种苗时,要主动和当地的植物检疫部门联系,了解调出苗木的地区有无检疫对象及疫情,坚持不从疫区调运种苗。必须调运时,要加强对调入的种苗进行检疫和消毒处理。

2. 选用抗病虫的品种和砧木,培育壮苗,选用优质无毒苗抗性强的植株,不容易感染病虫害,可少喷药或不喷药,有利于减少农药污染。应根据一个地区病虫害的发生情况,选用适宜本地区栽培的抗病品种,并注意搭配和更新,做到良种配良法。另外,这几年,在生产中要大力推广栽植大苗、壮苗,有效地减少了病害。实践证明,栽植大苗、壮苗对桃树一生的生长都有着很大的影响。

3. 彻底清除果园残枝、落叶,减少潜藏的病虫源 秋季清扫落叶并集中销毁,能消灭大量的病菌孢子和各种害虫的卵、蛹、成虫等,可以大大减少翌年病虫发生的基数。冬季结合修剪,剪除病虫枝蔓,摘除病虫果,集中烧毁,同样可以减少病虫的传播与危害。

4. 刮涂伤口 虫伤或机械创伤等伤口是最容易感染病菌和

害虫最爱栖息的地方,应先刮净腐皮朽木,用快刃小刀削平伤口后,涂上 5 的石硫合剂或波尔多液消毒,大伤口还要涂保护剂,以促进伤口早日愈合。刮下的残物要清扫干净,并集中销毁。

5. 刮树皮　危害果树的各种害虫的卵、蛹、幼虫、成虫及各种病菌孢子,大都隐藏在果树的粗翘皮裂缝里休眠越冬,而病虫害越冬基数与翌年的危害程度相关,因此需要刮除枝、蔓、干上的粗皮、翘皮和病斑,铲除腐烂病、轮纹病、干腐病等枝干病害的菌源,并集中销毁。

刮皮时间应该从入冬至翌年 2 月进行,不宜过早或过晚。过早树体容易遭受冻害,过晚会失去除虫治病的作用。操作时,动作要轻巧,防止刮伤嫩皮及木质部,以免影响树势,一般以彻底刮去粗皮、翘皮,不伤及青颜色的活皮为限;幼树要轻刮,老龄树可以重刮。刮下的残物要收集起来集中烧毁或深埋。刮皮后要喷 1 次石灰倍量式波尔多液,然后将树干用净白剂刷白。净白剂的配比为:水 20 公斤、石灰 10 公斤、食盐 2 公斤、硫黄粉 1 公斤、植物油 0.1公斤。

6. 科学施肥　施肥与病虫害的发生有密切关系,树皮中钾含量与果树抗腐烂病的能力成正相关,因此提倡配方施肥和使用有机肥,多施磷、钾肥。多施有机肥能提高植株抗病性,增强土壤的通透性,改善土壤微生物群落,降低腐生菌基数,提高有益微生物的生存数量,并保证根系发育健壮。

7. 合理灌水　许多病害的发生都与湿度有关,往往是湿度越大,病害越重。因此果园浇水应避免大水漫灌,尽量采用滴灌、喷灌、穴灌等节水技术措施,这样可以有效控制空气湿度,减少诱发叶部和根部病害的条件,预防病害发生。除了注意合理的灌水外,大雨过后还应注意及时排水,防止内涝,以免影响果树正常生长,诱发根部病害,降低树体抗性。

8. 合理修剪,改善果园通风透光条件　果园在不通气条件下,病、虫害（如蚜虫）发生严重。及时修剪,增强树冠内的通风透光能力,能够抑制或减轻病虫害的发生。

9. 果园生草,增加植被多样化　果园生草,植被丰富,害虫天敌的食物也丰富,这样有利于建立良好的果园生态环境,增加天敌的数量,维持各昆虫种群的合理比例。例如,紫花苜蓿可以招引草蛉、食螨瓢虫、食虫蜘蛛、六点蓟马等天敌昆虫。

10. 合理间作、轮作或倒茬　果园要尽量避免重茬。间作时,要根据作物的植物学特性,把互不传染病虫害的作物进行间作。例如,葱、蒜的根际能产生抗菌微生物,对病菌能起到抑制作用,从而防止多种病害。间作葱、蒜能够有效阻止病原菌的繁殖,使土壤中已有病菌的密度下降,从而达到土壤消毒的目的;间作黑麦草、野百合、万寿菊能够抑制线虫危害。

11. 深翻整地,施足腐熟有机肥　深翻可促进病残株、落叶在地下腐烂,并将地下的病菌、害虫翻到地表,不利于其越冬,减少病源、虫源。尤其冬季翻树盘,可以冻死越冬的害虫。施足有机肥可以大大增强树体的抗逆性。

12. 树干涂白　先将果树主干上的翘皮和苔藓等寄生物刮除干净,然后用石灰涂白剂,在主干和大枝上进行涂白。涂白高度60～80厘米,可以杀死潜匿在树皮下的病虫和保护树干不受冻害、日灼。石灰涂白剂的配置比例为:水 40～50 公斤、生石灰 10公斤、食盐 150～200 克、面粉 400～500 克,充分混匀后,涂在树干上。

13. 早春覆盖地膜或树盘培土,阻止害虫上树危害　树盘周围覆盖地膜可以消灭在土壤中越冬的一部分害虫。早春在老熟幼虫越冬出土羽化前在树干周围 1 米内培 5 厘米厚的土,并压实,15天后再培第二次,可以阻止害虫羽化,扰乱害虫的生活规律。必要时可以土壤淹水,使需氧有害生物窒息死亡。

14. 树干绑草绳　秋季(8 月下旬至 9 月上旬),在树干上绑草把或系上布条,诱集卷叶蛾幼虫、山楂叶螨和其他害螨等越冬害虫,冬季解下集中销毁,可以消灭大量害虫和害螨。

15.嫁接　选择对土传病害有高抗性或有免疫的砧木,利用嫁接技术进行苗木繁殖,可以控制土传病害的危害。

(二)物理防治

物理防治以利用物理、机械方法防治病虫害,是病虫害综合防治的重要内容。物理防治不使用化学药品,生产的果品没有农药,并且对环境没有丝毫污染。

1.人工灭虫　挖越冬虫茧,人工捕捉天牛、金龟子成虫,喷水冲刷红蜘蛛;人工刮除枝干上的介壳虫,树皮裂缝中的红蜘蛛,棉蚜等小型害虫;人工摘取害虫卵块,捕捉幼虫集中销毁,既有效,又不必使用农药。

2.阻止隔离　隔离是采取隔绝病虫与寄主接触传播病虫害的机会,达到预防病虫害的目的。例如,在果树周围设置防虫网,阻碍蚜虫等迁飞传毒;提倡果实套袋,减少果实与空气中有害物质的接触,避免或减轻病虫对果实的危害,同时还能阻隔喷洒农药时对果实表面的污染,减少果实内农药残留量,提高果实品质。

3.高温灭虫杀菌　育苗播种前或浸种催芽前,将种子晒2~3天,利用阳光能杀死附在种子上的病菌;种子用55℃温水浸种10~15分钟,能起到消毒杀菌的作用。夏季将设施栽培大棚覆盖后选晴天密闭闷晒,增温至60~70℃,持续5~7天,可以杀灭和抑制线虫等多种病虫害。伏天进行地膜覆盖或耕地后灌足水,盖上塑料薄膜,提高地温,进行高温消毒,使土层10厘米处最高温度达70℃,可以杀死大量病菌。

4.杀虫灯诱杀　利用大部分鳞翅目、鞘翅目昆虫的趋光性、趋波性,每年从桃树萌芽开始,在桃园放置杀虫灯(或黑光灯),诱杀鳞翅目、鞘翅目害虫。

5.糖醋液诱杀　利用害虫的趋味性,将配好的糖醋液盛入广口容器中,挂在离地面50~60厘米的地方,诱杀鳞翅目、鞘翅目害虫。配制比例为糖∶醋∶酒∶水=3∶6∶1∶10,放置时间根据害虫发生规律而定,一般3月下旬就开始放置。

6. 性诱剂诱杀 性诱剂即指昆虫性外激素,是由雌成虫分泌的用以招引雄成虫前来交配的一类化学物质。在桃树上悬挂性诱剂成品,下面放一盆水,水里加入洗衣粉,诱杀桃小食心虫、梨小食心虫、桃蛀螟、桃卷叶蛾、桃潜蛾等多种害虫。

（三）生物防治

生物防治是利用有益生物控制害虫危害,从而进行桃树病虫害防治的一种方法。生物防治是利用生物种内和种间的联系,通过生物、基因、基因产物的操纵和战略引导,使自然生物间相互作用的平衡朝着有利于人类控制病害虫的方向发展。例如,害虫如何找到寄主,植物如何拒绝侵染,天敌如何发现被寄生对象。生物防治的基本方法有:

1. 以菌治虫 以菌治虫是利用害虫的病原微生物来杀死害虫。这种微生物包括真菌、细菌、病毒、原生物等。真菌制剂主要有白僵菌制剂和绿僵菌制剂;细菌制剂主要有苏云菌杆菌、杀螟杆菌、青虫菌等制剂。它们对人畜无不良影响,使用安全,无残留毒性,害虫对病原微生物不会产生抗药性;而且利用这种防治方法具有繁殖快,用量少,不受作物生长期限制等优点。

2. 以虫治虫 以虫治虫是利用对人类有益的捕食性昆虫和寄生性昆虫进行害虫防治的一种方法。建立一个相对稳定的桃园生态系统,为天敌提供良好的栖息和生态环境,使之能够自然繁衍生息,大量发生,增加天敌的数量,充分发挥其控制害虫的作用。

桃树生产中,可利用的天敌及捕食害虫有七星瓢虫捕食蚜虫,红点唇瓢虫捕食桑白蚧,草蛉捕食蚜虫、螨类,捕食性蓟马捕食蚜虫、螨类、粉蚧,赤眼蜂、寄生梨小食心虫、小黄卷叶蛾等;生产中,可以通过保护、繁殖这些天敌,控制蚜虫、叶螨、介壳虫等害虫的发生。

3. 以病毒治虫 昆虫病毒能在昆虫体内从一个细胞进入另一个细胞,或从一个个体进入另一个个体进行水平传播,也能从母体传给子代进行垂直传播,以昆虫为宿主,从而使昆虫发生流行病,达到控制虫害的目的。目前已发现的昆虫病毒有 500 多种,我国昆虫病毒资源丰富,已从 7 个目 196 种昆虫中分离到了 243 株病毒,但由于昆虫病毒制剂的生产需要用大量活体昆虫或昆虫组织培养才能得到,代价较高,限制了商业化病毒杀虫剂的应用。在生产中,根据害虫在田间死亡的症状,采集感病昆虫,研磨后,用纱布过滤,对水喷雾,防治害虫效果良好。

4. 利用昆虫激素防治害虫 此方法在生产中应用已较为普遍,它是利用昆虫内分泌器官分泌的调节昆虫生长、发育和生殖等生命活动的激素,抑制或控制害虫的生命活动,达到防治害虫的目的。利用昆虫激素防治害虫具有高效、针对性强、毒性低、无污染的特点。常见的激素有脑激素、保幼激素、蜕皮激素,人工合成的激素有取食产卵抑制剂、胚胎发育抑制剂等,目前在生产上应用的有小菜蛾、烟青虫性诱剂,进行诱杀雌虫和预测害虫数量。

5. 利用抗生素防治害虫 这种防治方法是利用微生物之间的拮抗作用,通过一种微生物生命活动中产生的某些物质抑制病原微生物的生长发育,或杀死病原微生物。目前在生产上大面积推广应用的防治植物病虫害的抗生素主要有多抗霉素、农抗 120、阿维菌素、浏阳霉素等,这些抗生素在防治害虫时使用浓度低、杀虫效果好;选择性强,对益虫安全;降解快,残留少。例如,阿维菌素乳油防治蚜虫、螨类,防治效果可达 90%～100%;浏阳霉素乳油对螨类的防治效果可达 85%～90%,且对天敌安全。

(四)化学防治

化学防治是最简便、作用最迅速、效果最显著的病虫害防治方法,但相对有污染,应选择高效、低毒、低残留的农药。使用农药时应注意的问题：

1. 严格执行农药的使用准则,优先采用低毒、低残留或无污染的农药,有节制地选择使用中等毒性农药。

2. 科学使用农药,掌握喷施时间和浓度,交替使用农药,保证农药喷施质量。

3. 依据病虫测报科学使用农药,病虫害发生时,能用其他无公害手段时,尽量不用化学防治。

4. 主要病害防治(见表21)。

表 21   主要病害防治

病害名	防 治 指 标	防 治 措 施
缩叶病	萌芽前铲除越冬孢子	石硫合剂 500 倍液
细菌性穿孔病	春季叶片出现近圆形或不规则褐色病斑、枝条暗褐色小疱疹;夏秋季枝条皮孔中心水渍状圆形暗紫色斑点。	春季,大生 80% 可湿性粉剂 800 倍 夏季,农用链霉素 72% 可溶性粉剂 4000 倍
褐腐病	春季嫩叶边缘褐色水渍状病斑。套袋前防病	春季与细菌性穿孔病一并防治;套袋前世高 10% 水分散剂 2000 倍
炭疽病	叶片或果实长圆形褐色病斑。一般套袋前防治	套袋前与褐腐病一并防治
流胶病	枝干渗出胶状物	甲基托布津 70% 可湿性粉剂 1500 倍

5. 主要虫害防治(见表22)

表 22   主要虫害防治

虫害名	防 治 指 标	防 治 措 施
红蜘蛛介壳虫	萌芽前除越冬卵	萌芽前与防缩叶病一并防治

续　表

虫害名	防　治　指　标	防　治　措　施
蚜　虫	蚜虫聚集嫩梢取食枝叶	一遍净 10％可湿性粉剂 3000倍；套袋前锐劲特悬浮剂 2000 倍
桃蛀螟	幼果蛀孔外流透明胶质，与颗粒虫粪黏结	套袋前与防蚜虫一并防治
刺　蛾	叶片残留透明状表皮，叶背幼虫取食	功夫 2.5％乳剂 3000 倍
梨网蝽	叶片苍白色，叶背有黑褐色虫粪和黄色粉液，成虫和若虫集叶背。	与刺蛾一并防治

第七章　白玉蜗牛养殖技术

　　白玉蜗牛是一种褐云玛瑙螺,经过几代人繁育、筛选,培育出来的陆生贝壳类软体动物,与鱼翅、干贝、鲍鱼一起被誉为国际上四大名菜。

　　我国对蜗牛的观察和利用,起源很早。17世纪中国明代的李时珍在《本草纲目》中已详细记述蜗牛的形态及药用价值。近代也有不少科学家对蜗牛的研究作出过贡献。例如,科学家阎敦建在1936年的研究中就记述了陆生蜗牛有13种类。1963年中国科学院动物研究所陈德牛对中国蜗牛的种类区域分布做了调查研究,出版《蜗牛及其利用》。1984年福建漳州叶阿彬研究所,通过多年选育培育成功了白玉蜗牛,1985年7月14日《人民日报》和《人民日报》海外版以《叶阿彬培育成白肉蜗牛》为题,向世界作了报道。

第一节　白玉蜗牛的发展历史和生产现状

　　白玉蜗牛人工养殖在我国始于20世纪60年代初期,1984年福建漳州叶阿彬研究所通过多年选育培育出白玉蜗牛。1987年嘉兴市南湖区余新镇普光村高水珍等3户农民开始引种试养,1990年余新镇吕塘村(现属大桥镇)农民张贵明在前人经验的基础上,进行白玉蜗牛繁育试验,并取得了成功,他用大泥坯和尼龙纸(聚乙烯)建成饲养室,当年引进200只种白玉蜗牛,经过精心培育和繁殖,结果繁育出2万余只幼蜗牛,同时养成500多公斤商品白玉蜗牛,获利8000多元。从1992年开始,他的养殖室又成为浙江师范大学白玉蜗牛苗种繁育基地。同时,根据市场信息及反馈信息,白玉蜗牛的销路日益扩大,白玉蜗牛的养殖规模也逐渐增大,到1995年张贵明养殖白玉蜗牛的年收入超过10万元,成为浙江省白玉蜗牛人工养殖的创始人。在张贵明的带动下,南湖区白玉蜗牛的养殖得到迅速发展,到1999年全区已发展到500多户农户进行白玉蜗牛养殖,养殖面积达到1200余亩。2000年养殖户沈福良创办了嘉兴余新福华白玉蜗牛开发公司,专门制作中文、英文、法文三个版本的网页,将南湖区的白玉蜗牛全方位地推向世界,以信息化带动了产业化,促使南湖区白玉蜗牛养殖进一步发展。在此同时,随着南湖区白玉蜗牛养殖业的发展,也引起省、市领导的重视。2000年时任浙江省省长柴松岳特地视察了余新镇白玉蜗牛示范基地,给予了充分肯定。省、市和全国新闻媒体上也先后报道了南湖区余新镇白玉蜗牛发展情况。2001年全区蜗牛养殖面积发展到1464亩,产品销售全国20多个省、自治区、直辖市,部分出口国外,成了全国最大的白玉蜗牛养殖基地之一,同时余新镇被浙江省海洋与渔业局命名为“蜗牛之乡”的荣誉称号。2010年,全区白玉蜗牛养殖面积3114亩,年产量3538吨,约占国内总产量的60%。

为了进一步提高白玉蜗牛产业层次,延长产业链,2003年由沈福良组建嘉兴市潜福食品有限公司,成功开发了潜福牌白玉蜗牛冻肉、香辣蜗牛、法式蜗牛、法式焗蜗牛、精制蜗牛、蜗牛罐头等系列产品。这些产品营养丰富、口味独特、食用方便,深受消费者喜爱,目前已成功进入百胜集团、上海巴贝拉意式餐饮管理有限公司等著名国际连锁商贸集团。2010年,潜福食品有限公司联结农户1025户,年加工冷冻蜗牛肉500余吨,实现年产38万袋即食蜗牛,成为国内唯一专业从事蜗牛养殖、收购、加工、销售和研发的农业龙头企业。

"潜福"蜗牛系列产品的成功开发,标志着南湖区从蜗牛养殖基地向蜗牛深加工基地的转变,对进一步推进白玉蜗牛产业发展起到了重要作用。目前白玉蜗牛已成为我国特产农业发展和出口创汇项目中的热点,南湖区白玉蜗牛养殖无论规模还是技术都走在了全国的前列,已成为南湖区的特色农产品。

第二节 白玉蜗牛市场发展前景

白玉蜗牛因其营养价值极为丰富而著称,它不仅是味道鲜美的美味佳肴,而且是一种药膳珍品,经常食用可增加营养、增强耐力、提高身体素质,使皮肤保持细嫩健美,延缓衰老,益寿延年。随着食品科学的发展,蜗牛的开发和综合利用已经引起人们的重视和兴趣,已被广泛应用于餐饮、食品、医药、化工、美容等领域。

(一)白玉蜗牛综合利用价值很高,全身是宝

蜗牛肉是一种高蛋白、低脂肪、胆固醇趋向于零,含有 20 种氨基酸和人体有益酶的高级保健食品。据专家测定,蜗牛肉蛋白质的含量分别比鳖、猪肉、牛肉和鸡蛋高 1 个、10 个、3 个和 6 个百分点。而脂肪的含量分别仅为鳖、猪肉、牛肉和鸡蛋的 1/18、1/272、1/92 和 1/70;蜗牛是餐桌上的高级食品,并居国际四大名菜榜首,国内蜗牛菜肴目前已经开发出十大系列共 2000 多道菜。蜗牛作为医药保健原料,国内已开发出 22 种养生强身蜗牛深加工、精加工新产品。据李时珍《本草纲目》记载,蜗牛的肉和卵可治疗高血压、心脏病、糖尿病、口腔、肿毒、痢疾等 20 多种疾病。现代中医学认为,蜗牛性寒、味咸、清热解毒、消肿软坚,主治痔疮肿痛、喉肿、哮喘、脱水、小儿脐风、烂足、乙脑、风邪惊癫、白喉、流行性腮腺炎、高血压等症,还可止鼻血、通耳聋。从蜗牛黏液中能加工提炼美容化妆品;从蜗牛消化腺中,可分离提取含有纤维酶、蛋白水解酶等

30多种具有生物活性的蜗牛酶。蜗牛壳经过消毒加工,可制成精美的蜗牛餐具和工艺装饰品。此外,蜗牛还是很好的动物性净化剂,生物指示剂和"业余气象员"。因此,蜗牛是目前和今后综合利用价值较高的经济动物之一。

（二）白玉蜗牛对人工饲养的条件不高

我们地处亚热带,气候温和,雨量充沛,适宜白玉蜗牛养殖。在建造好饲养棚,制作好养殖架和养殖箱,配好养殖土的前提下,室内饲养白玉蜗牛只需要掌握好温度、湿度、光照度和养殖土的疏松度就可以了。

（三）白玉蜗牛的饲料范围非常广泛易得,且价格低廉,以叶果为主,不与人争粮

饲养白玉蜗牛,其饲料85％左右是青绿饲料和多汁饲料,5％的粗饲料,混合精饲料包括矿物质在内占10％左右。青绿饲料除酸碱度高的青菜、带有刺激性食料外,几乎所有鲜嫩多汁植物都可作为的白玉蜗牛的主饲料,糠麸和饼粕、矿物质（蛋壳粉、贝壳粉）维生素添加剂等,经过按比例配制后,都可作为辅助饲料。

（四）白玉蜗牛养殖业已得到社会各界的重视和支持

首先,党和国家领导人,国家有关部门和社会名流对蜗牛评价很高。在国宴上,国务院前总理李鹏曾用蜗牛大菜招待英国女王伊丽沙白二世和其他国外贵宾。邓小平同志品尝蜗牛菜肴后赞美说:"蜗牛菜弥补了国内一项空白,要很好地发展。"国务院扶贫办公室已将蜗牛养殖一条龙生产列为扶贫项目,农业部、国家科委、国家专利局、中国农科院等有关部门领导都参加过蜗牛生产开发研讨会、产品交易会,积极支持蜗牛养殖业的发展。1994年1月,全国人大常委会副委员长、国务院前副总理田纪云为蜗牛养殖题词为:"蜗牛之歌。"中国扶贫基金会前会长项南题词为:"致富无止境,蜗牛万里行。"我国著名营养学家于若木教授题词:"开发蜗牛,前景广阔。"

（五）蜗牛的国内外市场广阔

国际市场对蜗牛年需求量大约为 40 万吨，即鲜活蜗牛 200 多万吨。从国际市场看，法国、巴西、美国、英国、加拿大、荷兰、德国、瑞士、瑞典、匈牙利、意大利、比利时、奥地利、日本、捷克斯洛伐克等国家都有喜食蜗牛的习惯。仅美国一年就需进口 30 亿美元蜗牛，而且市场价格也高。目前蜗牛养殖已得到政府及社会各界的重视和支持，有些省市已将蜗牛新技术、新产品开发列入省级星火计划和新产品计划。随着人们生活水平的提高和我国加入 WTO，和国际市场的接轨，国内外市场不断开拓，白玉蜗牛的需求越来越大。

（六）白玉蜗牛投资回报率高

蜗牛养殖投资低，一只商品蜗牛从孵化到出售 5 个月，仅需青饲料 2 公斤左右，精饲料 0.5 公斤左右。白玉蜗牛繁殖力强，一只种蜗牛一年就变成近千只，其中商品蜗牛可达 50 公斤以上，投资 3000～5000 元就能养殖，且当年就可以收回成本。一个劳动力养殖蜗牛一年的收入可达 3 万余元，还可转移一部分闲散的劳动力，比较适合家庭养殖。

此外，无公害有机农牧食品是国内外日益强烈的追求，而蜗牛的一生，以喜食青绿饲料和各种瓜果菜叶为主，从不使用各类添加剂，又远离化肥农药，整个养殖过程对环境无污染，属环保、节能、节约资源型产业，完全符合国家产业、技术政策，发展前景广阔。

总之，养殖白玉蜗牛是一项投资少、见效快、成本低、效益高、饲养简便、饲料广泛、繁殖率高、发病率低、无污染、易推广的特种经济动物项目，是振兴农村经济的突破口，是目前和今后最具开发价值、市场需求量大、经济前景广阔的新兴产业，也是当今科技致富、发展特色农业的理想选择。

第三节　白玉蜗牛的生物学特性

白玉蜗牛属软体动物门、腹足纲，其头、颈、足的肌肉雪白如玉，而得其名，又称褐云玛瑙螺、花螺等，属雌雄同体的软体动物，是陆生贝壳类中个体最大的蜗牛。原产于法国，主要分布于我国台湾、福建、广东、广西、海南、云南等省、自治区。国外分布于印度洋、太平洋诸岛及东南亚、南亚一带。

（一）外部形态

蜗牛的贝壳呈螺旋形，对身体起保护作用，可分为螺旋部和体螺层，螺旋部有许多螺层组成，是蜗牛的内脏部位，体螺层是贝壳最膨胀的一层，是蜗牛容纳头和足的部位。

蜗牛活动时，它的足呈舌态状，蜗牛遇上恶劣环境或敌害攻击，能将身体缩进壳内，外形像一只螺。

蜗牛的身体几乎全部是肌肉，没有骨骼，躯体下有一块富具弹性的肌肉最为发达，其他部位由小块肌肉组成，依靠肌肉的不断伸缩来移动。

（二）内部构造

1. 头部　蜗牛的头部显著，位于身体前端，呈圆筒状。头部前端有两对触角，由于肌肉的牵动，可以伸缩自由，下面一对短，称小触角，上面一对长，顶端有一只眼，称眼触角，又称大触角。前端腹面是口，口的左右两侧各有一唇瓣，这些构造都是重要感觉器官。生殖器位于头部前的右侧，右眼触角基部下面。

2. 足部　爬行时呈舌态形状，前窄后宽，足还能分泌黏液，分泌黏液以湿润皮肤，以减轻机械损伤，有助于爬行。

3. 其门　也叫呼吸孔门、排气孔门、排泄孔门，位于足上端连壳的地方，当蜗牛头缩进壳内，这个孔门就露出在外面。

4. 消化系统　由口腔、咽喉、食道、索囊、胃、肠、肛门所组成。蜗牛的口腔腹面,有一条齿舌,舌上分布着许多像木锉一样的小牙齿,排成 100 多行,以此来锉碎食物,锉碎的食物通过咽喉进入嗉囊,蜗牛的嗉囊膨大,它能容纳二天的食物,咽喉能分泌黏液以湿润食物起分解作用,然后进入胃,胃壁肌很厚,经过胃的消化,然后进入肠道,肠道还能分泌多种酶,结存在肠道,残食通过直肠、肛门排出。

5. 呼吸系统　蜗牛陆生之后,鳃已完全退化消失,蜗牛的呼吸系统不健全,它靠外套腔壁上的肺血管的伸缩代替肺的呼吸。

6. 血液系统　有心脏、肝脏、血管、动脉所组成。心脏是蜗牛循环系统中枢,从心管分出二支动脉,一支叫头动脉,另一支叫内脏动脉,蜗牛的静脉很不发达,属于微静脉,肝脏位于尾部。

7. 排泄系统　蜗牛的肾脏不成对,淡黄色,位于心腔旁及尾部,肾脏腔中许多褶襞充填,有许多血管在褶襞中通过,肾脏从这些血管中提出应排泄的物质,肾脏的外输管在肛门边。

8. 神经系统　蜗牛的神经系统都集中在头部,神经节集中在口球附近,神经节的上部位于肠道的上部,由一对脑神经所组成,神经节的下部位于肠的下部,由四对紧密结合在一起的神经节,其中一对足神经、一对侧神经、一对壁神经、一对躯干神经,周边神经是由中枢神经分出。

9. 感觉器官　蜗牛的感觉器官分为触觉器官、嗅觉器官、平衡器官、视觉器官。眼位于大触角顶端,眼腔球晶体状,眼囊壁透明,眼底的视觉神经具有嗅检器,蜗牛的身体表面皮肤非常敏感,具有许多特别化的器官。

10. 生殖系统　蜗牛为雌雄同体异体交配的动物,具有雌雄两种生殖器官,每个蜗牛均能相互交配,产卵繁殖后代。生殖系统是非常复杂的。生殖孔位于大触角右后边,性成熟的个体发情时,生殖孔四周分泌大量的黏液,呈乳白色,蜗牛成对交配,交配时把精子送入对方阴道中。

（三）蜗牛的生活习性

1. 生活环境习性

蜗牛属陆生贝壳类软体动物，它与周围的环境、土壤、光照、温度、湿度、食物均有着十分密切的关系。

（1）喜土

白玉蜗牛喜欢钻入土中栖息，在土壤中吸取有益它生长的微量元素，调节体内水分和温湿度，而且蜗牛的产卵也是在土中进行的。

（2）怕光

白玉蜗牛最怕强光，害怕阳光直射。但是也不能在完全黑暗中生活，必须有 10～20 勒克斯光照度的光线，适当的光线光照才能刺激和促进性腺发育和成熟。以红色光线为最佳，一般 50 平方米面积一座温室，装上一只 25 瓦红色灯即可。

（3）温湿度要求高

白玉蜗牛喜欢在高温高湿、阴暗潮湿、疏松多腐殖质的环境中生活，昼伏夜出。对环境极为敏感，若生活环境土壤过于干燥，幼蜗牛会相互蚕食来补充水分，成年蜗牛会分泌黏液形成膜厣进入不规则的休眠。生活环境过湿，在室外如水涝，它们会被淹死。在温室内它们都会栖息在饲养床、饲养箱的壁上。蜗牛栖息在壁上的另一原因是：食物残渣没有及时清理而腐烂，腐烂残渣挥发出的氨气、硫化氢等，使它们被迫栖息在饲养床、饲养箱的壁上，与过湿的栖息在壁上的有所不同。因此，人工饲养应特别注意温湿度的调控，温室内的气候调控模拟自然界，它们最适宜的温度 25～28℃，温差应控制在 3～5℃之内，空气相对湿度控制在 75%～85%，饲养箱与饲养床的营养土湿度控制 35%。

蜗牛属冷血动物，它们对自身温度调节较差，当自然温度降止10℃以下，它们会分泌黏液形成膜厣进入冬眠，降止 5℃以下会被冻死。蜗牛怕冷,但是又怕热,温度升至 35℃ 以上,在野外会钻入枯草、青草丛中的土壤内,若长期高温缺水,它们甚至在晚上也不出来活动。人工饲养的蜗牛,它们会钻入营养土内,如果营养土被污染了或者营养土含水量过高,它们会分泌黏液形成膜厣进入不正常的夏眠。长期高温高湿,或者低温高湿,温度时高时低,轻者发病,重者批量死亡。

（4）食性杂

白玉蜗牛属于杂食偏植物性动物,但不吃青草、杂草,拒食有刺激性味道的葱、韭、蒜。因此人工喂养蜗牛饲料应合理搭配,青饲料约占 85%,精粗饲料约占 15%。青饲料以苦荬菜、白菜、青菜、莴苣等绿色植物和各种瓜果皮渣为主,精粗饲料以豆饼、菜籽饼、米糠、玉米、麦麸等为主,此外可添加些骨粉、蛋壳粉、贝壳粉等高钙饲料,以满足蜗牛生长的需要。蜗牛喜欢钙性食物,但是也怕强钙的刺激(新鲜的生石灰、草木灰),喜欢土壤中的微量元素,但是也怕土壤中的盐碱度过高、氨量过高、酸度过高,比较适宜的土壤 pH 值为 7～7.5。

2. 繁殖习性

蜗牛属雌雄同体的动物,但是异体交配。人工养殖只要温度、湿度适宜,一年四季均可繁殖。从出壳到性成熟一般需 5 个月时间,一般 30 克左右的蜗牛性腺成熟了,二个性成熟的蜗牛交配受精后 15～20 天即可产卵,把卵产在洞穴内。卵粒绿豆大小,外包一层白色发亮的膜,即卵壳。首次产卵 100～150 枚,第二次产卵 150～200 枚,一年可产卵 3～5 次,蜗牛卵的孵化要在适宜的温湿度土壤中进行,当空气温度在 25～28℃,相对湿度 60%,孵化土壤 30%～35%,一般 10～15 天可孵出幼蜗,幼蜗牛出壳后藏在土壤之中,二三天之后才能爬上孵化土表层。蜗牛的寿命一般 5～6 年。

第四节　白玉蜗牛的养殖技术

白玉蜗牛最佳生长温度在 25～28℃，土壤湿度 35％左右。所以人工饲养蜗牛室内和室外必须配套。室内以养殖种蜗牛和繁育幼蜗牛为主，室外以种植绿色饲料和生产商品蜗牛为主。

（一）养殖前准备

1. 场地的选择：选择通风向阳、无污染的场所建场。室内房屋要求能保温保湿，通气性能良好，室外要求土壤和空气不受污染，进排水方便、无水涝地段。

2. 养殖室条件：选择通风保温干净的空房建造饲养室，并宜采用 1 毫米厚的塑料布（膜）进行保温、保湿。饲养室里搭建饲养架，饲养架以高 2 米、宽 0.5 米为宜，一般分 7～8 层，每层高 20～25 厘米。饲养架上可搁置木箱，规格一般为 50 厘米×35 厘米×15 厘米。木箱宜用杨树、桐树等阔叶树制作，不能用松、柏等有刺激气味的木材制作，蜗牛对气味特别敏感。

适宜的温度是白玉蜗牛成长的关键，为保持饲养室里最适宜温度在 25℃左右，保温的方法有用木屑、煤炉、地火垅、塑料大棚、坑道、暖气、电源等多种。在这里就介绍最常见的木屑保温法。

木屑是节能，环保的燃料，用木屑加温，既省钱，操作也方便，而且燃烧时间长，温度也较均匀。用木屑来加温时，可用一只直径约 40 厘米、高约 50 厘米的圆铁桶作成木屑桶。在铁桶底部中心打一个直径 6 厘米的圆洞，装木屑时，用一根直径 6 厘米的圆木棒穿入底洞，将木屑装入桶内压实，将木棒拔出后就留出一个 6 厘米的直洞，火就点燃在这个洞内。这时就可将木屑桶装进灶膛。灶膛可用砖砌或用铁桶，规格要比木屑桶稍大，在底部留出一个进气洞，并安上开关，调节进气量。灶门的门要做得严密些，使木屑不至于很快燃烧。为防止燃烧过快，可适当在木屑里加点水。一般这样一桶木屑可燃烧 12 个小时，并使一间 20 平方米的饲养室内温度达到 25℃左右。

3. 营养土准备：选择无污染的潮湿肥沃、腐殖质丰富的非盐碱性土壤，pH 值 7～7.5，在饲养箱箱底铺设 3～5 厘米养殖土，以满足白玉蜗牛在土壤中挖穴产卵的习性。铺设后，用 0.1% 的高锰酸钾溶液将养殖室地面、墙壁、养殖架等一切用具喷洒两遍，做到全面彻底的消毒。

4. 室外养殖条件：将室外养殖地犁耙两遍，使土地疏松平整，并筑成一畦一沟。畦一般 2 米宽，畦内埋入有机肥，每 667 平方米施 2000～3000 公斤。同时，在畦的周围种植苦荬菜、鸡毛菜及藤本作物等，以供蜗牛遮阳及保证青饲料供应。防逃方法可采用 1 米宽的 80 目尼龙网或塑料纱网，在养殖场周围打上木桩作撑架，拦网高 50 厘米，底部掩埋 10 厘米，上面弯成"⌐"形。

（二）人工繁殖技术

1. 种蜗牛选择：选择野生或人工选育的非近亲成熟白玉蜗牛，并符合白玉蜗牛的分类特征，外形完整、无伤残、无畸变，外表褐云色彩鲜艳，贝壳色泽光洁，螺壳条纹清晰，肉色细嫩，行动敏捷，生长边宽带有乳白色，体重 30 克以上，无病、待产的白玉蜗牛。

2. 放养密度和时间：每平方米放养 120 只为宜。放养时间以每年 1～2 月为宜

3. 种蜗牛的饲养管理

（1）温度、湿度及光照度控制：温度控制在 25～28℃，空气相对湿度控制在 75%～85%，养殖土含水量控制在 30%～40%。每天保持 10 个小时光照时间，光照强度 10 勒克斯～20 勒克斯，即相当于日出前或黄昏后的光线。

（2）投饲：种蜗牛投饲营养成分必须全面，取粗蛋白、钙质含量高的品种，如骨肉粉、米糠、麸皮、苦荬菜、大白菜等。投喂时做

到定点、定量。投喂时间宜在每天 17:00—18:00,饲料投放在箱中间,不能撒在蜗牛身上。日投喂量为蜗牛体重的 6%。养殖土的土质潮湿肥沃,腐殖质丰富,种蜗牛需土壤中的微量元素,故养殖土必须勤换。

（3）采卵与孵化

①采卵:采集蜗牛卵粒与投喂食料和清除饲养箱内垃圾同时进行,每隔一天一次。方法是沿箱壁四周刨一圈,发现卵粒,用小汤匙将卵粒轻轻拿起,轻放在盛有养殖土的孵化箱里。卵粒不能用水擦洗和直接洒水,也不能将卵粒放在阳光下曝晒或火炉旁烘烤。

②孵化方法:饲养箱可一箱二用,同时作为孵化箱。孵化基质宜采用离地面 20～30 厘米的深层土壤,经太阳曝晒 8 小时以上或紫外灯照射 30 分钟以上后备用。将孵化箱放在无污染的清洁水中浸泡,让其充分吸足水分备用,再将孵化基质加水调配均匀至含水分 30% 左右,放入木箱内铺平,厚度以 2～3 厘米为宜。并将采收的每一团卵分别平铺在孵化基质上,卵粒与卵粒相依不得重叠,每箱 2000 粒左右,再在上面盖一层 2～3 毫米(以盖没卵为标准)的孵化基质,用湿毛巾(挤干为止)覆盖于孵化基质上,并盖上箱盖。一般在 7～10 天幼蜗牛出壳。

孵化出的幼蜗牛不得即刻移入饲养箱和投放饲料,须三天后投饲,即取新鲜嫩绿的苦荬菜嫩叶,摘菜心下第三、第四叶片,用清水洗净,将菜叶切成两半,并添加 5% 的蒸熟米糠加以投喂,每天傍晚投喂一次,一周后再翻箱。

（三）室内养殖技术

1. 放养密度:与蜗牛的月龄、养殖面积和气温有密切关系,一般幼蜗牛的饲养箱就是孵化箱,根据生长情况及时翻箱分箱,密度以一只与一只蜗牛之间有一条空缝为准。室内具体的放养密度参（见表23）。

表23　室内白玉蜗牛放养密度表

龄期(月)	个体重(克)	饲养箱规格(厘米)	放养数量(只)	密度范围(只/米²)
1	0.4～0.8	50×35×18	850	4000～5000
2	3～5	50×35×18	350	1200～2000
3	7～9	50×55×18	170	800～1000
4	12～15	60×45×22	160	400～600
5	20～25	60×45×22	80	240～300
6	30～35	60×45×22	35	120～140

2. 饲料投喂:日投喂量为蜗牛体重的5%。

3. 养殖土管理:养殖土须保持疏松、多腐殖质,并含有一定有机质。养殖土上的残饵和蜗牛粪便每天清除一次,同时要及时更换新土。

4. 越冬管理:当室外温度低于20℃时,将未达到商品规格的蜗牛移入室内保温饲养棚养殖。养殖室内温度必须控制在25～28℃之间。越冬养殖室内空气比较干燥,必须按湿度标准做好保湿工作,对地面、饲养箱内壁喷水时,须用温度和室温相仿的水。要坚持每天清除残饵、粪便,将地面打扫干净。越冬期间既要照顾蜗牛的偏食性,又要注意蜗牛的杂食性,不要长期投喂单一饲料,间隔一段时间调换一种蜗牛喜食的青饲料。精、粗饲料做到多种原料混合配制。

（四）室外养殖技术

刚孵化出的蜗牛在室内饲养箱养殖到5月份,规格达到5克以上,当室外温度稳定在20℃以上时,将室内的幼蜗牛放到室外大田养殖。

1. 地段的选择:室外饲养地段选择在进、排水方便的水田,或者房前屋后的空地(也可以选择在果园内、桑园内)。地段的选择应注意土壤是否被污染,是否有工业废气直接污染养殖场。

2. 种青:室外饲养的关键是种青。蜗牛的饲料80％～90％属于蔬菜瓜果,植物的绿叶,种青直接关系到养殖效益。当选择无三害地段之后,翻耕土地,施足有机肥,基肥一定要施足。养殖蜗牛后,一般不能再施化肥。筑好畦,畦一般2米,一畦一沟,四周沟与排水沟相通,要注意排水沟是否通畅,雨季场内无积水。种青应选择生长期长、营养丰富、叶片多、长势旺盛的品种。例如,苦荬菜蛋白含量高,是蜗牛的最佳青饲料。苦荬菜一般在10月份育秧,12月份移栽,在基肥足的情况下,它的植枝能达到1～1.5米左右,移栽规格一般横距15厘米、株距5厘米,随着它的长高,株距局部割除、拆稀。局部搭棚种植南瓜,南瓜花、南瓜都是蜗牛的好饲料,在瓜棚下面种植番薯,番薯藤、番薯也是蜗牛的好饲料。以上品种营养丰富,生长周期长,产量高,叶片茂盛,有利于遮阳防高温。

3. 室外防逃设施:蜗牛虽无足但爬行很快,人工饲养被它逃出,一夜可爬300～500米远。防逃设施用1米宽的尼龙网,设在四周水沟外,底部埋在土内,埋深10厘米,四周用60厘米木桩固定,木桩顶部拉一根铅丝,铅丝必须拉紧,尼龙网朝铅丝上翻转朝下形成一只倒笼,朝下的一侧用细铅丝拉紧固定。这种防逃设施比用电网安全,用6瓦电制成的电网防逃,如果停电,失去防逃作用。

4. 防敌害:蜗牛在室外的敌害主要有老鼠、蚂蟥、白鸟等。老鼠会偷吃啃咬蜗牛,被老鼠吃剩的蜗牛还会染上细菌。蜗牛本身有相互蚕食的习性,吃着被老鼠食剩的蜗牛内脏之后,会引发疾病,发病蜗牛再传染其他蜗牛,如不注意老鼠的危害,损失会比较大。蚂蟥也是一种主要敌害,被蚂蟥叮死的蜗牛,染上病菌,健康蜗牛残食死蜗牛,病菌传染很快。白鸟也是一种主要敌害。当然其他敌害很多,因地制宜加以防范,每天巡视,发现死亡蜗牛必须及时深埋。

5. 室外放养时间、亩放量及规格：室外饲养一般在 5 月中下旬开始，正常温度在 20℃左右，室外放养的种苗都从温室出来，放苗前，温室内的温度要逐渐下降，保持室内外的温度均匀。温室内温度高，室外温度低，放苗之后容易发病。放苗种前还应注意五月中下旬的气温，根据历年气象资料，气温有高至 35℃，低至 15℃以下的。遮阳条件差的，畦上局部覆盖遮阳物，即稻草等，覆盖遮阳物一则可防高温，二则可保暖。放养规格一般在 5 克以上的幼蜗牛，放养过小，蜗牛的壳较嫩，操作容易损伤。室外一般每 667 平方米放养 2 万～3 万只为宜，如果青饲料丰富，可增加放养量至 5～6 万只。

6. 投饲方法：蜗牛的饲料以青饲料为主，青饲料占总投饲量的 80%～90%，室外饲养种植的青饲料代替投饲，让蜗牛自己采食，如果种植的青饲料长势较差的，必须投足青料，如果青饲料不足，种植的青饲料会被蜗牛吃光，种植的高秆作物起不到遮阳作用。每天傍晚投饲，投饲量是蜗牛体重 5%。总之，以蜗牛吃饱吃净，不吃光种植的高秆作物为宜。精饲料可混在青料中，也可以每星期投一次，投饲的精料必须选择含钙量高的品种。

7. 采收：经过 3～5 个月饲养，达到商品规格（20 克以上）的白玉蜗牛即可采收上市。一般都采用人工捕获的方法。采收时要轻拿轻放，以避免弄破螺壳。

第五节 白玉蜗牛的发病原因及防治方法

白玉蜗牛是一种生命力很强的动物，一般很少生病，但是在人工养殖的条件下，如管理不当，也容易导致多种疾病的发生，甚至大批死亡。主要如：操作不当造成外伤，细菌感染发病，传染其他蜗牛。温湿度调节不当，若昼夜温差大于 8℃都要发病。管理上投饲霉变饲料,残食不及时清除,饲养土发黑发臭,箱内线虫成堆,有病蜗牛不及时清除等,造成传染其他蜗牛。因此在养殖期间,要经常观察蜗牛的活动情况,对活动呆滞或不活动者,取出用清水冲洗后,仍不能恢复正常活动和取食者,一般都视作病态蜗牛。目前,养殖白玉蜗牛主要做好以下几方面的病虫害防治工作。

(一)常见病的发病原因及防治方法

1. 缩壳病

缩壳病是蜗牛养殖过程中最常见的病,其症状是:蜗牛瘦弱,体螺层口已失去了发达的结缔组织所形成的柔软的裙边,蜗牛头常缩在壳内,活动力很差,进食量很少,喷水后才伸出头来,不想吃食,又缩回壳内,几天不吃食最终死亡,此病危害很大,死亡率很高。因为患病蜗牛缩在壳内,健康蜗牛会吸取患病蜗牛的分泌液,所以传染很快。

主要原因:(1)温度高、湿度低造成蜗牛脱水。如温室内的温度很高,30℃以上,但湿度没跟上。(2)二氧化碳中毒。养殖户为了节约加温燃料,将加温炉子设在温室内,往往烟囱是横出的,遇上风向不顺时,造成烟气倒流,室内空气混浊,人在室内操作时也感觉头晕。(3)饲养土发黑发臭。饲养土长时间不更换,残食又不及时清除,温室又没设进排气管,室内长期高温高湿,空气不新鲜,细菌、真菌大量繁殖。(4)温差过大造成病毒感染。如温室温度高时超过30℃,低时不足15℃,这种情况下在门口的几箱蜗牛首先发病,传染很快,死亡率高。还有一种情况,室外蜗牛进温室,一般在10月下旬,自然温度在15℃以下,如果温室内已经加温至25℃以上,同样要发病,死亡率也很高。(5)投饲已被细菌病毒感染的饲料。(6)营养不良。专用一种青饲料,从不添加精饲料,或者添加一种精饲料,造成蜗牛营养不良而发病。(7)乱用药。若不是病毒性的缩壳病,把它放在自然界,自然温度在15℃以上,它们的病自然就好了,乱用药反而加速蜗牛的死亡。

以上几种情况,都是造成缩壳病的原因之一,发现缩壳蜗牛,马上隔离饲养,或埋掉(因为蜗牛有残食死体的习性,防止快速传染),更换饲养土,同时要认真总结发病原因,针对性地用药治疗。

防治方法:(1)发现缩壳蜗牛,细菌性的可用黄芩或大黄粉煎汁喷入饲料连喂4~6天,用量为每公斤蜗牛用2克。

(2)死亡率最高的是病毒感染,治疗用药:原先用的药物AMZ(双甲脒)和病毒灵片都已禁用,现主要可用中草药鱼腥草与柴胡煎汁喷入饲料连喂5天,用量为每公斤蜗牛各5克。

(3)生态预防,室内温度控制在24~25℃,昼夜温度保持一致,不得大于8℃,梅雨季节饲养土干一点为好。

2. 脱壳(破壳)病

症状:蜗牛壳顶脱落,内脏暴露在外,贝壳脆薄,一触即破而死亡,常以2~3月龄的蜗牛多发。发病原因主要是由于饲养管理不小心碰掉蜗牛摔于硬板上,造成破碎;另一方面是在木箱养殖过程中,长时间铺沙而无养殖土,或长期投喂单一饲料,饲料中钙、磷不足,引起钙质缺乏症,致使蜗牛贝壳发软极易破碎。

破壳蜗牛可用清水冲洗,于破壳部位滴注蒸馏水。隔离饲养,补充钙质饲料,在饲料中添加骨粉、蛋壳粉、贝壳粉、石粉等,同时在饲料内添加强力霉素,每公斤蜗牛每天0.02克,连续1周。用陈旧的石灰粉末撒于饲养土中,也可起到很好的补充钙质作用。也可改用池土养殖,补足矿质营养元素,微量元素和生长激素等。

3. 白点病及其防治

又称溃疡或霉病,污秽的环境和外伤都会引发该病。患病后,蜗牛腹足干瘪,足面上长出乳白色的黏膜层,严重时形成一层白色的溃疡面,伤口发臭。病蜗侧卧在饲养土上,缩壳,呈半死不活状。防治方法:轻者用0.01%~0.02%高锰酸钾溶液浸泡,每次2分钟,浸泡后再用清水冲洗,治疗几天即愈。严重者用土霉素拌入饲料连喂3~5天,用量为每公斤蜗牛10毫克。

4. 肠道病及其防治

蜗牛患病后,粪便呈褐色,稀且有腥味。表现为半休眠状态,4～5 天后缩壳,半月后死亡。防治方法:一是室内饲养土要经常消毒,定期更换,保持清洁;二是要喂新鲜、干净、清洁的饲料;三是用土霉素拌入饲料连喂 3～5 天,用量为每公斤蜗牛 10 毫克。

5. 结核病

在池土霉变的环境中易得此病,有一定的传染性。除保持饲养室的通风透气外,定期用抗菌素稀释液进行防治,连续喷洒 3 天。

6. 烂足病

真菌性皮肤病。腹足受外伤后感染所致,可用 0.4％的高锰酸钾溶液对病蜗牛的软体进行消毒。

(二) 蜗牛虫害防治

1. 蚤蝇及其防治

发现蚤蝇后应更换饲养土,饲养箱或饲养池用沸水浇淋,在阳光下暴晒,室内可用 1％生石灰和 0.1％的高锰酸钾溶液喷洒,或将半湿半干的鸡、猪粪掺入少量的炒香的豆饼或菜籽饼粉混匀,装入纱布袋中扎紧袋口,挂放在饲养池旁进行诱杀。当蚤蝇钻入袋中取食时,过 1～2 天取出用开水浇死,可连续多次使用。

2. 壁虱及其防治

壁虱也叫粉螨,在高温高湿,通风不良的肮脏环境中常大量繁殖。发现壁虱后,可用 0.1％的高锰酸钾溶液对养殖室地面、墙壁、养殖架等喷洒两遍,做到全面彻底的消毒。同时更换饲养土;但注意不要将药液直接喷洒在幼蜗牛身上。

3. 蚂蚁及其防治

蚂蚁有灵敏的嗅觉和善于攀爬的本领,当它发现有甜味的瓜果和具有香味的动物性饲料时,它就会乘虚而入,危害卵粒和幼蜗牛。有时,养殖户马虎粗心、养殖土未经消毒就倒入养殖箱内,蚂蚁和蚁卵会随土进入养殖箱。成蜗牛因能排出大量黏液,可将蚂蚁拒之门外,而幼蜗牛体小、黏液少,常被蚂蚁拖走,卵粒也会遭到同样的厄运。防治方法:土壤可经过高温消毒进行杀灭蚂蚁及蚂蚁卵,为了保证蜗牛生命安全,不要用任何有毒药物喷杀蚂蚁。唯一的办法是,对养殖土进行消毒或更换消过毒的新养殖土。在养殖室门外,撒些樟脑丸等,可防蚂蚁进入室内。

4. 老鼠

老鼠是室外养殖的主要天敌,一只老鼠一夜可吃掉10多个蜗牛,吃剩蜗牛肉内脏被细菌感染。健康蜗牛爱吃死蜗牛内脏,造成细菌感染发病,严重也会造成大批死亡。预防:①消灭老鼠。②室外饲养在饲料中添加抗菌素,增强蜗牛抗病率。

第八章 规模猪场动物防疫集成技术

目前,随着中小规模化猪场,特别是养猪规模场户数量的激增,给嘉兴市南湖区养猪行业带来新的活力。但是,随着养猪业不断地发展,其劣势与问题很快就呈现出来了,如猪场设计不科学、生产效率低;生产工艺不科学、种猪利用不合理;饲养管理不科学、计划性不强;特别是技术落后、卫生防疫不科学,发病率及死亡率高,给广大的养猪户带来了巨大的损失,大大挫伤了他们养猪的积极性。鉴于这种情况,结合南湖区目前猪病流行特点,特意收集整理了关于规模猪场的防疫集成技术,以供参考。

第一节 猪场的选址

1. 猪场要建筑在地势高而干燥,排水方便,水源充足、水质良好,远离居民点,距公路、河道、城镇、工厂、学校 1000 米以外,猪场周围应筑以土沟或围墙。场址最好应设置于种植区内,有利于种、养结合,形成良性的生态循环。

2. 为便于隔离、检疫、卫生防疫消毒及污物净化,要建病猪隔离舍,并处于办公区和健康猪舍下风方向。

3. 猪场大门入口要建宽于门,长于汽车轮一周半、水泥结构的消毒池。猪舍入口应建长 1.5 米的消毒池。同时要建更衣、消毒室。

4. 饲料贮存库和母猪舍(包括产仔舍)应建在猪场内上风

头。粪便须送到围墙外,在处理池内发酵处理,最好用发酵床零排放养殖方式或者建沼气池配套。

5. 有足够的合乎卫生标准的水源,场外环境无工业"三废"和动物废弃物污染,场内最好建水井、水塔,供全场应用。

6. 猪场布局,按流水作业线的要求,做到不出现交叉污染。

第二节　控制外疫传入

对猪场来说,外疫中外来的猪是最危险的,其次是人员、车辆和物品。猪场的疾病,多而复杂且难以控制,这与源头的控制不无关系。改革开放以来南湖区的养猪生产不管从饲养的品种、饲养的规模都有很大的发展,国外大量新品种的引进,一方面改善了猪的生产性能,另一方面也引入了疾病,如猪血痢、蓝耳病、猪断奶后多系统衰竭综合征就是明证。另外,猪场本身不是生存在真空中,每天都要与外界进行物质交换和各种联系,如社会人员、车辆和物品的进出,在某一环节稍有疏忽,就会出现大的麻烦。应重点做好:

（一）严格引种管理

猪场正常每年要更新母猪30％左右,同时为了改良猪种也每年要从外界引进公猪。首先是尽可能少引种,规模较大的猪场可以采取自繁自养,尽可能减少引种次数(尽可能延长两次引种的间隔时间),尽量从一个或几个高健康水平的种猪场引种,特别注意不要引进其他猪场淘汰下来的公母猪,不要贪小失大。引种之前,要了解被引种场的防疫及疾病情况。种猪引进后要做好隔离、适应,猪场一定要设有隔离的猪舍,至少要有相对隔离的场所,种猪引进后至少隔离1～2个月,期间要把被引种场和本场的免疫程序相衔接,让引进的种猪适应本场的微生物环境。对一些重要疾病做抗体检测，掌握免疫状况。

（二）严格猪场进出口的管理，重点控制外来人员、车辆和物品

猪场和外界联系最多的是饲料、兽药的购买及猪只的出售、猪粪的处理（外运），由此产生的外界人员、车辆、物品与本场的交叉。为此，一定要严格控制。凡没有处理或证实的都是应该怀疑的，宁可错疑一千，不可放过一次。有条件的猪场办公区最好离生产区远一些。

1. 人员控制　特别要注意在不同猪场之间频繁来往的人员。如收猪的、养猪同行、兽医、饲料兽药的推销员，绝对不要让这些人员进入生产区。对本场人员也要严格控制进出，尽可能不要与猪场来往，尤其要控制生产区人员的进出。

2. 车辆控制　特别要控制收猪的车辆，因为这些车辆来往于屠宰场和不同的猪场之间，是最危险的。收猪车在到达后最好在离场较远处就进行消毒，车上人员最好不要下车，不然要消毒。交易最好用支票，否则纸币应马上用紫外线进行消毒送银行，不要直接发给员工作为工资。第二种车辆是送饲料的车，这种车辆每天来往于不同的猪场，对猪场来说，也是非常危险的因素，对这种车辆的控制，可采取在饲料间大门设置密封的消毒间，下设消毒池，上设紫外线，车辆进场后，首先得停留一段时间进行消毒。随车人员不要下车，卸货由本场人员解决。第三种车辆为外面来拉粪的车，可以通过本场的清粪车每天拉到固定的场外特定地点后，由外界车辆定期装运出去，进来时与装猪车辆一样先消毒，然后才能靠近猪场。目前，较好的办法是把猪粪作为颗粒肥料加工处理后出售。对运肥料车辆的处理与清粪车是一样的。要特别注意的是，每天清粪进出猪场的门口应设立消毒池且应每天更换消毒液。

3. 对外界进入猪场的物品要严格控制　特别注意的是猪场绝对不允许从外界购进鲜活的动物类产品，尤其是猪产品，猪场尽

可能自己解决食品的供应问题。凡从外购进的东西,能消毒的尽量消毒后使用,不能消毒的也应经过必要的处理再使用。对一些猪场从关闭的猪场购进一些设施、设备等物品要慎之又慎,不要直接拿进猪场,可以在外面消毒处理后再拿到猪场使用。

第三节　控制内疫

控制内疫就是猪场内部自身疾病的传播。即主要控制猪—猪、人—猪、物—猪之间病原的传播。控制的措施包括硬件和软件两方面。

（一）硬件方面

实行区域化管理,即除了生产区与办公生活区彻底分开外,整个猪场应分成公母猪区、分娩区(或产房)、保育猪区、肥猪区。每个区域应保持一定的距离。净道(饲料道)、污道(清粪道)分开不交叉。

（二）软件方面

1. 要严格实行全出全进制,绝对不要把上一批的僵猪、弱小猪留到下一批去。

2. 饲养员工作之前必须更换衣帽鞋并定期清洗,工作之前应洗手,每栋猪舍门口应设置踏脚消毒设施。

3. 饲养员之间不要互相串访,尤其是不同区域之间的饲养员。

4. 饲料最好由饲料间人员送料至猪舍门口,单向通道,不同区域不同猪舍不交叉。

5. 定期灭蚊子、苍蝇和老鼠,尤其是老鼠。

6. 对猪场的胎衣胎胞、病死的猪只进行无害化处理。目前该区养殖量 300 头以上的规模化猪场基本都已经建立了无害化处理池,各村也已建立了村级无害化处理池,能够保证对病死畜禽进行无害化处理。

第四节 环境的管理和控制

这几年疾病的发生在很大的程度上与环境的破坏和恶化有很大的关系。环境因素主要包括水、空气质量、饲养密度、环境中的病原微生物等因子。

(一)水

水对猪来说既是营养也是环境,由于一些猪场考虑成本的问题,猪场使用的水为井水或深井水,有些为河水,经简单消毒处理或直接食用或冲洗圈舍,这些水有的因其中的污染物造成猪发病,有的则因部分微量元素的超量造成中毒。

(二)空气质量

空气质量包括灰尘、温度、湿度、有害气体的浓度以及病原微生物的状况。

1. 灰尘的控制

灰尘对猪是非常有害的东西,呼吸系统疾病的发生与其有直接的关系。猪场空气中灰尘的来源主要是饲料,特别是干粉料。灰尘根据颗粒大小分为落尘和飘尘。对猪来说,漂浮在空中的飘尘是最危险的。灰尘首先会堵塞呼吸道的通畅,破坏黏膜的功能,也是环境中病原微生物的载体,环境中的病原微生物是由飘浮在空气中的灰尘到达猪体内的。因此,减少或降低空气中的灰尘是猪场控制疾病特别是呼吸系统疾病的重要措施。控制的办法是尽可能不用或少用粉料,可以考虑使用颗粒饲料或湿拌料,尤其在保育阶段。如果一定要用干粉料的尽量不要直接撒在地面上,可用料槽或料桶,以减少粉尘的产生量。在秋冬干燥季节可考虑在猪舍中定期喷雾消毒或喷水以减少粉尘的数量。

2. 温度的控制

夏季要搞好通风降温,冬季要搞好防寒保暖。特别是母猪和60 日龄以内的仔猪。在冬季保温时:①注意猪舍的保温和猪睡卧区的保温,要有一定的温差;②要调节好保温和通风的关系。

3. 湿度的控制

潮湿的环境对猪来说也是非常大的应激,是发病的重要隐患。特别是高温高湿,一方面在这环境下病原微生物繁殖快,另一方面影响猪的生理机能,严重影响猪的健康和生产性能的发挥。造成猪场潮湿的原因:一是因气候的因素;二是因猪舍的设计、通风状况和饲养密度过大所引起。可采取相应的控制措施,如降低饲养密度、增加通风、采取高床位漏缝地板饲养、铺设垫料、60 日龄以内的仔猪床位放置木板等。

4. 有害气体的控制

猪舍内对猪的健康和生产有不良影响的气体统称为有害气体。猪舍中的有害气体主要包括氨气(NH_3)、硫化氢(H_2S)、一氧化碳(CO)、二氧化碳(CO_2)以及甲烷气(CH_4)等,主要是由猪呼吸、粪尿、饲料腐败分解而产生的。

氨气为无色、易挥发、具有刺激性气味的气体,比空气轻,易溶于水。氨气常易溶解在猪的呼吸道黏膜和眼结膜上,使黏膜充血、水肿,引起结膜炎、支气管炎、肺炎、肺水肿;氨气也可通过肺泡进入血液,低浓度氨气作用于中枢神经系统,可使呼吸和血管中枢兴奋,高浓度氨气可引起中枢神经麻痹、中毒性肝病和心肌损伤等。低浓度氨气长期作用于猪,可导致猪的抵抗力降低,发病率和死亡率升高,生产力下降。哺乳母猪舍氨气浓度要求不超过 15 毫克/立方米,其余猪舍要求不超过 20 毫克/立方米。

硫化氢为无色、易挥发,具有恶臭的气味,易溶于水,比空气重,靠近地面的浓度更高。硫化氢易溶附呼吸道黏膜和眼结膜上,并与钠离子结合成硫化钠,对黏膜产生强烈刺激,引起眼炎和呼吸道炎症。处于高浓度硫化氢的猪舍中,猪畏光、眼流泪,发生结膜炎、角膜溃疡,咽部灼伤,咳嗽,支气管炎、气管炎发病率很高,严重时引起中毒性肺炎、肺水肿等。长期处于低浓度硫化氢环境中,猪的体质变弱、抵抗力下降,增重缓慢。硫化氢浓度为30毫克/立方米时,猪变得怕光、丧失食欲、神经质;高于80毫克/立方米,可引起呕吐、恶心、腹泻等。猪舍中硫化氢含量不得超过10毫克/立方米。

二氧化碳为无色、无臭、略带酸味的气体。二氧化碳无毒,但舍内二氧化碳含量过高,氧气含量相对不足,会使猪出现慢性缺氧,精神萎靡、食欲下降、增重缓慢、体质虚弱、易感染慢性传染病。猪舍内 CO_2 含量要求不超过 $0.15\% \sim 0.2\%$。

一氧化碳是无色、无味气体,难溶于水,在用火炉采暖的猪舍,常因煤炭燃烧不充分而产生。一氧化碳极易与血液中运输氧气的血红蛋白结合,它与血红蛋白的结合力比氧气和血红蛋白的结合力高 $200 \sim 300$ 倍。一氧化碳较多地吸入体内后,可使机体缺氧,引起呼吸、循环和神经系统病变,导致中毒。妊娠后期母猪、哺乳母猪、哺乳仔猪和断奶仔猪舍一氧化碳不得超过 5 毫克/立方米,种公猪、空怀和妊娠前期母猪、育成猪舍一氧化碳不得超过 15 毫克/立方米,育肥猪舍不得超过 20 毫克/立方米。

以上有害气体在浓度较低时,不会对猪引起明显的外观不良症状,但长期处于含有低浓度有害气体的环境中,猪的体质变差、抵抗力降低,发病率和死亡率升高,采食量和增重降低,引起慢性中毒。这种影响不易觉察,常使生产蒙受损失,应予以足够重视。近年来,规模化猪场发生的猪呼吸系统综合征与此有着密切的关系。

生产中,冬季不能单纯追求保温而关严门窗,必须保证适量的通风换气,使有害气体及时排出。氨气和硫化氢易溶于水,在潮湿的猪舍中,氨气和硫化氢常吸附在潮湿的地面、墙壁和顶棚上,舍内温度升高时又挥发出来,很难通过通风而排出。因此,猪舍内做好防潮和保暖可以适当减少舍内有害气体含量。此外,垫草具有较强的吸收有害气体的能力,猪床铺设垫草可减少有害气体的浓度。冬季给猪保温工作非常重要,但一定不要忘记通风换气,有时,保持猪舍良好的空气质量甚至比保温更重要。冬季要控制呼吸道疾病一定要处理好通风和保温的关系。

（三）饲养密度

规模化养猪带来的高密度饲养,其引起的问题越来越突出。由于前一轮养猪主要集中于城市的周边地区,因用地的紧张,在某些地区养猪的密度非常高,在几个平方千米的范围内有几个万头猪场,几乎紧挨在一起,一旦一个猪场发病,几个猪场几乎同时发病,真正成了命运共同体。饲养的高密度按范围分为这样几个层次:即社会高密度,在相近的地方有几个猪场,猪场与猪场距离偏近;猪场内的高密度,主要表现为猪舍与猪舍的间距太近、一栋猪舍中饲养猪的数量过多、同圈同栏猪群体太大、每头猪只所占绝对面积过少。高密度饲养,使猪群长期处于高应激状态,猪免疫力下降,对疫病的易感性上升,一旦有外来疫源侵入,易造成爆发性流行。

（四）环境中的病原微生物

养猪场无时无刻处在病原微生物的重重包围中,而且处在多种病原微生物同时并存的状态中,要想全部消灭一个猪场的病原微生物是不可能的,问题的关键是要把病原微生物的数量控制在一定的范围,让猪不发病或能适应这样一个微生物的环境。为此,猪场应定期地对猪舍的环境开展消毒,以控制病原在环境中的数量。一般建议,每批猪清空后除彻底消毒外,每周带猪消毒1～2次。消毒前先进行冲洗,消毒时暂时把门窗关闭,带猪消毒应选用高效、速效、对人、猪无刺激性,对环境、器具和物品没有腐蚀性的消毒剂。消毒药物的品种可考虑定期更换,以确保消毒效果。由于每个猪场其病原种类的组成也是不同的,所以往往在这个猪场不发病,而由于引种等原因,当新的个体出现时,由于猪场微生物的区系发生变化从而爆发疾病,同时也可以看出,同一种抗生素在不同的猪场其疗效也不尽相同。凡从外面引进猪只除进行隔离观察外,还要做好微生物的适应工作。

第五节　营养要全面、合理

特别要强调的是营养的质和量,首先是原、副料的质量,然后要根据不同品种、不同阶段进行科学合理的配方。这几年猪病十分复杂,实际上与忽视营养问题不无关系。营养问题主要表现在以下两个方面:

(一)原料的质量

近年来饲料霉变而引起的免疫抑制,公母猪繁殖障碍,生长迟缓以及消化道,呼吸道和皮肤的疾病随处可见。猪场在进原料时一定要把好质量关,不要贪小便宜,造成大损失。对质量可疑或放置一段时间的饲料,要适当添加霉菌毒素吸附剂。在这里顺便提一下,要选用添加量较小、不影响营养的吸收、能选择性吸附毒素的霉菌毒素吸附剂。目前市场上这方面的产品可谓良莠不齐,一定要有选择地使用。

(二)科学合理的配方

要根据不同的用途、不同的阶段进行合理配方,供给足够的饲喂量。在这方面要注意的是,首先要挑选质量过关的预混料,然后才是合理配方。合理的营养是防止营养缺乏症的关键,猪场要特别注意公母猪的饲料和断奶保育前期的饲料。母猪料特别要注意妊娠后期和哺乳阶段的营养平衡,尤其是能量的平衡,为了提供足够的能量,在饲料添加适量的脂肪粉或食用油是值得的。在饲喂制度上要贯彻定时定量。

第六节　猪场保健

这里指的保健主要是疫苗免疫和药物预防性用药。

（一）疫苗免疫

对一些烈性传染病、地区性或新出现的传染病,对一些用其他办法无法控制的传染病必须采取疫苗免疫的办法,另外根据猪场的实际,对一些阶段性容易发生的疾病采取药物控制的措施。由于每个猪场情况不尽相同,注射疫苗的种类自然也不同,各猪场应根据自身情况进行制定适合自己猪场的防疫程序。

防疫程序是指注射什么疫苗的种类,注射的时间、途径、剂量、次数和间隔时间等的一套方案。疫苗免疫中需注意的是免疫失败,产生免疫失败的原因主要是由于猪的健康、疫苗的质量和兽医人员的责任心和操作技术三方面的问题。

要确保免疫成功,必须注意以下三方面的问题。

1. 免疫健康的猪

对疾病或亚健康猪、处于应激状态中的猪、有免疫抑制性因素存在的猪不要注射疫苗,注射也是白白浪费。

2. 疫苗的质量

与疫苗的质量相关的因素包括生产、运输、保管、使用,任何一个环节出问题都会受到影响。首先要选用合法生产厂家的疫苗,然后要严格按规定运输、储存、保管、使用疫苗,对过期或有任何问题的疫苗坚决不用,以免因小失大。

3. 人为因素

主要是兽医人员的责任心和操作问题,如使用前对器具的消毒,注射时对注射部位的消毒、进针的深度,疫苗稀释和注射的数量、质量等。另外,在免疫前应停止药物的使用,大部分药物会或多或少对免疫产生不利影响,所谓"是药三分毒",当然免疫增强性药物另当别论。

（二）药物预防

对一些关键性阶段,适当的用药可以有效控制疾病的发生,可以提高生产水平或生产性能。如母猪分娩前、配种前,哺乳仔猪、保育猪、仔猪转群第一周,气候突变、长途运输前后,个别猪只出现临床病象大群尚未出现明显症状等关键阶段,用药对猪场来说是非常必要的。另外,定期的驱虫也是非常重要的,寄生虫既消耗猪的体质,降低猪的抵抗力,又和猪争夺营养,大大降低了猪的生长和健康。但是"是药三分毒",猪场不能把健康押在药物上,药物预防只能作为一种辅助措施。

第七节　防治方案

制定科学合理的防治方案,是规模猪场,特别是养猪专业户能够健康发展,保证经济效益的关键技术之一。目前国内外尚未有统一可行的防疫程序。防疫程序的制定必须结合当地猪病的具体流行情况、本场猪群的疾病情况和各种疫苗的性能而制定。针对中小规模猪场、养猪专业户的特点及目前主要流行疾病的情况,推荐如下防治程序。

（一）猪瘟的防治方案

猪瘟病猪难以治疗,所以要特别重视综合预防措施,尤其要开展程序化免疫。正常情况下,仔猪21～25日龄首免,过2～3周进行二免;母猪应该在每次配种前进行免疫;公猪每年免疫2～3次。

疫病发生后应该及时采取扑疫措施,扑杀所有病猪和带可疑病毒的猪,并对所有死亡和扑杀的猪进行销毁等无害化处理,对环境要进行彻底消毒,坚持每天进行带体消毒。对 20 日龄以上未接种过疫苗或者接种疫苗有一定时间的临床健康猪,应进场紧急疫苗接种。

如果猪场有猪瘟病猪出现,应采取猪瘟净化技术。除了一般的综合预防和扑疫技术外,还应采取以下措施:(1)如果猪场污染严重,常有猪瘟病猪出现,应采取超前免疫,即将仔猪首免日龄提前到仔猪出生后吃初乳前 1～2 小时进行。(2)若超前免疫仍不能控制仔猪发病,应考虑母猪是否带毒,淘汰生产不正常母猪。(3)对留作种用的公、母猪,应在断奶后不久,采集其扁桃体送实验室做猪瘟病原检测,阴性者才可留用。(4)对猪舍和运动场,每周坚持消毒 1～2 次。

（二）猪口蹄疫的防治方案

猪口蹄疫(FMD)是由口蹄疫病毒感染引起的一种急性、热性、接触性传染病。以猪的口、蹄部出现水泡性病症为主要特征。酸、碱、醛类消毒剂、氧化剂、含氯或碘的消毒剂均能有效杀灭该病毒。

平时应采取免疫、监测、消毒、隔离等综合性预防措施,实施自繁自养、全进全出等科学养殖方式,禁止饲喂未消毒的泔水,严防疫病传入发生。我国对猪口蹄疫实行强制免疫政策,实行程序免疫和集中免疫相结合的方法,公、母猪每年至少免疫 2～3 次;仔猪在断奶后应适时进行首免,过 3～4 周进行二免,必要时过两个月进行三免。

（三）猪流行性感冒（猪流感）的防治方案

猪流感是由猪流感病毒(SIV)引起的一种急性、热性的呼吸道人畜共患病。本病病毒对低温和干燥抵抗力较强,常用杀毒剂均能有效杀死该病毒。

预防本病目前尚无理想疫苗,主要还是加强饲养管理,保持畜舍清洁卫生,增强猪的抵抗力。对于病猪特别需要注意精心护理,提供舒适的猪舍和清洁、干燥、无尘土的垫草;为避免其他的猪发生应激反应,在急性发病期内不应移动或运输生猪。由于多数病猪发热,故应该保证供给新鲜洁净的饮用水。

本病无特效治疗药物,但可用解热镇痛的治疗方法,进行对症治疗及应用抗生素防止并发症。

（四）猪流行性腹泻（PED）的防治方案

猪流行性腹泻是由猪流行性腹泻病毒引起的仔猪和育肥猪的一种急性肠道传染病,临床上以腹泻、呕吐和脱水为特征,发病率与死亡率都极高。本病毒对外界环境和消毒药抵抗力不强,一般消毒药都可以将其杀灭。

母猪进行疫苗免疫,对新生仔猪有良好的保护作用。治疗通畅应用对症疗法,可以减少仔猪死亡率,促进康复。每年 10 月到第二年 3 月应进行免疫预防。

（五）猪伪狂犬病的防治方案

猪伪狂犬病目前在猪场内的流行日益严重,必须作好猪伪狂犬病的防疫。本病目前尚无特效治疗办法,做好疫苗免疫工作是预防该病的关键。同时,应采取综合预防措施。要消灭猪场的老鼠。引进外来猪时要格外小心,引进后不仅要隔离,而且隔离期过后也不准与本场猪同群混养。引进的公猪应采取人工授精。

（六）沙门氏菌病（仔猪副伤寒）的防治方案

沙门氏菌病是一种由沙门氏菌引起的多种动物和人感染发病的人畜共患病,以急性者表现为败血症、慢性者表现坏死性肠炎为特征。病原沙门氏菌对热、各种消毒药和环境抵抗力较强。

本病发生后治疗效果差,故重在防疫。应加强环境卫生和饲养管理工作,同时在流行地区可用相应疫苗进行免疫预防。1 月龄以上哺乳或断奶仔猪接种仔猪副伤寒菌苗,可有效控制该病发生。

猪群发病后，为防止病菌在猪群中的传播和再发，应对所有的易感猪群进行药物预防治疗，可将药物添加在饲料中，连用 5～7 天。预防和治疗的药物，最好选用猪群以前没有用过的抗生素，以避免产生耐药性。常用的药物有庆大霉素、氟哌酸、环丙沙星、恩诺沙星、磺胺嘧啶等。本病菌对大多数抗生素均有抗药性，用药前最好进行药敏试验，选择敏感药物。

（七）猪繁殖与呼吸障碍综合征（猪蓝耳病）

猪繁殖与呼吸障碍综合征（PRRS）是由猪繁殖与呼吸障碍综合征病毒引起的一种新的高度传染性猪病。常用杀毒剂均能杀死该病毒。本病治疗效果并不理想，重点在预防。在坚持按免疫程序进行免疫的同时，要采取综合预防措施，特别是要坚持合理的饲养密度，不能过高；高温季节要采取有效的通风降温措施；保证营养，努力提高生猪的自身抵抗力；加强消毒，尽可能减少环境的各种病原。

对发病猪可采取输液、补充电解质和多种维生素、降温、抗菌等方法；也可以用清热解毒、增加免疫功能的中草药，配以青绿饲料喂养。

（八）猪附红细胞体病的防疫方案

主要加强饲养管理，保持猪舍、饲养用具卫生，减少不良应激是预防本病发生的关键。夏秋季节要采取防止昆虫叮咬猪群的措施，切断传染途径。本病流行季节应当给予预防用药，可在饲料中添加土霉素 600 克/吨，连续使用 2 周。

（九）猪圆环病毒 2 型感染的防治方案

采用综合防治措施是防治本病的主要方法。主要措施包括：做到养猪生产各阶段的全进全出，避免将不同日龄的猪混群饲养；使用广谱的消毒药定期消毒，最大限度地降低猪场内污染的病原微生物，减少或杜绝猪群继发感染的概率；减少冷、热、拥挤等应激因素，做好猪舍的通风换气，改善猪舍的空气质量，降低氨气浓度，保持猪舍干燥,降低猪群的饲养密度。目前,市场上也有用于免疫预防的商品化疫苗,可以试用。同时,要做好猪场猪瘟,猪蓝耳病、伪狂犬病、乙型脑炎、猪细小病毒病、气喘病等疫苗的免疫接种。

（十）猪细小病毒病主要防治办法

本病无治疗方法。预防本病传入场内的重要方法是做好引进种猪的隔离检疫工作。已有本病存在的猪场,应对所有的空胎母猪在配种前半个月至 1 个月接种细小病毒疫苗,这样能显著降低母猪怀孕期间的发病率。

至于其他疾病的防疫,如衣原体病、萎缩性鼻炎、仔猪红痢、传染性胃肠炎、猪支原体肺炎等疾病的防疫,要根据猪场内猪群的疾病情况、当地猪病流行情况及季节的变化采取相应的防疫方案。

第九章　猪人工授精技术

第一节　猪人工授精技术的发展

中国有句俗话："母猪好，好一窝；公猪好，好一坡。"这句话有力地说明了，虽然公猪和母猪在其后裔的遗传中各占 50% 的影响力，但在正常自然交配的情况下，一头公猪可与许多头母猪配种，而一头母猪只能与一二头公猪配种，一年产 2.0～2.4 胎，可见，公猪要比母猪重要得多。若优良的公猪得到充分利用对后代的影响，会给养猪企业带来数倍甚至数十倍的利益。在自然交配的情况下，一头公猪一年最多能负担 25～30 头母猪的配种任务，显然，公猪的使用效率尚未充分发挥，那么，在集约化养猪日益发达的今天，如何充分发挥优良公猪的作用呢？猪的人工授精技术的广泛使用便为此提供了可能。

猪的人工授精技术研究，是从 1780 年意大利的科学家司拜伦瑾尼第一次对母猪进行人工授精获得成功后，在世界各地便开始了家畜（主要是牛、猪等）的人工授精试验。目前使用面积较广的美国，人工授精技术的应用开始于 20 世纪 70 年代，普及率目前达到 30%～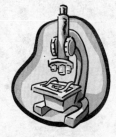

50%。有专业人士估计,21世纪初,美国人工授精的普及率将达80%以上。欧洲猪人工授精技术的发展,是在1967年新西兰爆发口蹄疫后才逐步加速的。我国的猪人工授精技术,从20世纪50年代开始试验,到60年代以后转入应用,并在不少省份推广普及,主要以外国品种的瘦肉型种猪与地方品种猪杂交为主,该技术在我国有着较广泛的基础,但随着改革开放的到来,由于外国瘦肉型品种猪的大量引入和集约化养猪规模的不断扩大,人工授精技术因众多的原因逐步被荒芜了。到了20世纪90年代,由于受国外养猪发达国家的影响和先进技术的吸引,在华南地区养猪业起点比较高的广东、广西等省、自治区,人工授精技术已逐步被集约化大型养猪企业所认可和使用,并呈现出良好的发展趋势。21世纪初,该项技术已得到广泛的推广应用,全国已建起了众多的场内人工授精站。

第二节 猪人工授精的意义

　　猪人工授精技术是以种猪的培育和商品猪的生产为目的而采用的最简单有效的方法,是进行科学养猪、实现养猪生产现代化的重要手段。

（一）提高良种利用率

猪人工授精是猪繁殖最有效的手段，促进品种更新和提高商品猪质量及其整齐度。在自然交配的情况下，一头公猪一年负担25～30头母猪的配种任务，繁殖仔猪600～800头；而采用人工授精技术，一头公猪可负担300～500头母猪的配种任务，繁殖仔猪1万头以上。对于优良的公猪，可通过人工授精技术，将它们的优质基因迅速推广，促进种猪的品种品系改良和商品猪生产性能的提高。同时，可将差的公猪淘汰，留优汰劣，减少公猪的饲养量，从而减少养猪成本，达到提高效益的目的。

（二）克服体格大小的差别，充分利用杂种优势

在自然交配的情况下，一头大的公猪很难与一头小的母猪配种，反之亦然，根据猪的喜好性，相互不喜欢的公母猪也很难进行配种，这样，对于优秀公猪的保种（要指定配种）和种猪品质的改良，都将造成一定的困难，对于商品场来说，利用杂种优势，培育肥育性能好、瘦肉率高、体型优秀的商品猪，特别是出口猪，也将会造成一定的困难。而利用人工授精技术，只要母猪发情稳定，就可以克服上述困难，根据需要进行适时配种，这样有利于优质种猪的保种和作用的杂种优势充分发挥。

（三）减少疾病的传播

进行人工授精的公母猪，一般都是经过检查为健康的猪，只要严格按照操作规程配种，减少采精和精液处理过程中的污染，就可以减少部分疾病特别是生殖道疾病（不能通过精液传播的疾病）的传播，从而提高母猪的受胎率和产仔数。但部分通过精液传播的疾病，如感染口蹄疫、非洲猪瘟、猪蓝耳病（猪繁殖与呼吸综合征）、猪水疱病等；一些没表现出症状之前的公猪和携带伪狂犬病毒、猪细小病毒的公猪，采用人工授精时，均可进行传染。故对进行人工授精的公猪，应进行必要的疾病检测。

（四）克服时间和区域的差异，适时配种

自然交配时，由于母猪发情但没有公猪可利用，或需进行品种改良但引进公猪又较困难的现象困扰着养猪界人士。而采用人工授精，则可将公猪精液进行处理保存一定时间，可随时给发情母猪输精配种，可以不引进公猪而购买精液（或冻精），携带方便，经济实惠，并能做到保证质量和适时配种，从而促进养猪业社会效益和经济效益的提高。

（五）节省人力、物力、财力，提高经济效益

人工授精和自然交配相比，饲养公猪数量相对减少，节省了部分的人工、饲料、栏舍及资金，即使重新建立一座合适的公猪站，但总的经济效益还是提高了；若单纯买猪精，将会创造出更多的经济效益。

人工授精的缺点：如果猪场本身生产水平不高，技术不过关，使用人工授精很可能会造成母猪子宫炎增多、受胎率低和产仔数少的情况。建议让技术人员先学技术，后进行小规模人工授精试验，或采取自然交配与人工授精相结合的方式，随着生产水平和技术的不断提高，再进行全面推广。

第三节　猪人工授精的操作步骤

（一）人工授精用种公猪训练

许多年轻公猪爬跨假母畜失败，从而不能达到满意的采精效果，往往是由于缺乏管理和训练的技巧造成的。能让年轻公猪在较早日龄适应采精非常重要，可使它能继续很好地完成以后的工作。训练种公猪采精依赖于饲养员与公猪所建立的关系。

在训练前（适应期）先需花时间管理公猪，并与之交流。饲养员和公猪有规律地接触，使其熟悉饲养员的外貌、气味和声音等。

在猪活动时,应轻轻地触摸、轻拍其身体。在猪休息时,饲养员蹲伏在旁边,用目光与猪交流,可减少其恐惧感。猪可能会慢慢地靠近饲养员,舔饲养员的手和胳膊,并会顽皮地拱或撕咬饲养员的工作服。有的公猪甚至可能尝试着爬到饲养员的身上,这种类型的身体接触应受到鼓励,当需要时就能更轻易地引诱它爬跨假台畜。

大多数年轻公猪有要去配种的本能,但缺乏经验,可允许其与老母猪间有鼻与鼻的接触,在接触2~3次后,它就会乐意靠近台畜。少数公猪可能缺乏这种本能而需要更多的引诱使其爬跨假台畜。首先在台畜上覆盖旧衣服或地毯,使其更像母猪,并保留以前公猪所留下的气味或在台畜上涂抹发情母猪的尿,并将年轻公猪饲养在采精栏旁观察成年公猪的采精。在采精后将年轻公猪赶入采精栏内调教,公猪的气味会增加其爬跨台畜的兴趣。饲养员蹲在栏内紧邻台畜,通过与公猪所建立的关系来重新激起和鼓励公猪进行接触;饲养员也可坐在台畜的头部,让公猪从背后开始接触台畜,通过与公猪所建立的关系来激起公猪的拱、推、咬等动作。一旦公猪爬上假台畜,它的自信心会上升的很快,并能很好地射精。

具体操作程序

1. 设备

采精栏,保温杯或绝热杯,塑料袋,滤纸,乳胶圈,不干胶标签,粗头硬毡笔,橡胶手套,长臂塑料手套,赶猪板,简易的假台畜。

2. 步骤

① 采精栏的地板须有较大的摩擦力,可在栏内垫一层稻草或刨花。在台畜上覆盖旧衣服或地毯,调整台畜的高度,使其与公猪相适合。要让年轻公猪在一种轻松愉快的环境中接受训练。

② 把年轻公猪刷拭干净,赶到采精栏。饲养员可站在栏外,在与公猪的交流中观察公猪。让公猪熟悉台畜和采精栏,并通过已与公猪建立的关系来鼓励其爬跨台畜。

③ 在公猪爬跨台畜后开始抽动时,饲养员应进入栏内,挤出包皮中积尿,并用卫生纸擦干净包皮及周围。

④ 饲养员帮助公猪阴茎勃起,检查包皮、阴茎大小是否正常,是否有损伤迹象,阴茎能否正常伸出。

⑤ 如果公猪爬下台畜,应鼓励其再次爬跨,当公猪在栏内走动时应摩擦其包皮直到再次爬跨。在紧紧抓住阴茎前应让其在手中伸缩几次。

⑥ 采精时应戴两层手套,当包皮中积尿排空时应摘下外层已污染的手套,用手抓住阴茎,并按采精程序采精。如果公猪不能安静射精,应摘下手套用手直接抓住阴茎采精。

⑦ 采精后,应在第 2 天重复采精,隔 3~5 天采第 3 次,有利于公猪建立良好的条件反射。在调教的 1 个月内每周应采精 1 次,然后再进入正常的采精阶段。

⑧ 如果公猪在 20 分钟内仍不能爬跨台畜,应将台畜移开或将公猪赶回栏内。然后每天重复调教 20 分钟,直到其能爬跨台畜。

3. 训练日龄

公猪性行为在 160~210 日龄后发展很迅速,所以在正式训练前就应对公猪加以管理,甚至可在适应阶段进行训练。

4. 调教频率

在适应期每天调教两次,每次 15~20 分钟(不包括采精时间),直到公猪可爬跨台畜。一旦公猪愿意爬跨,则可进行采精,按计划开始调教并重复进行。

在第一次采精时公猪会在台畜上爬上爬下,当公猪在栏内走动时摩擦其包皮,并给予口头鼓励,会使其再次爬跨。一旦公猪爬跨到台畜上,应在紧紧抓住阴茎前让其在手中伸缩几次,以便找到锁定位置。有时公猪不会趴在台畜上安静地射精,此时就应去掉手套,用手抓住阴茎进行采精。

采精成功后，要表扬公猪，口头称赞或抚摸公猪。在公猪刚成功地完成第 1 次采精后予以表扬能增进公猪同饲养员的关系。如果公司允许，可在采精后加一点饲料。

为人工授精调教公猪是一项费时、需耐心的工作，一些年轻公猪可能会表现得难以预料，甚至具有危险性、攻击性，采精栏应具有安全性的措施。总之饲养员的细心、体贴的管理很关键，而正确执行训练计划能将问题减至最小。

（二）公猪采精

经训练调教后的公猪，一般一周采精一次，12 月龄后，每周可增加至两次，成年后 2～3 次。在美国，10 月龄之前每周采精一次；10～15 月龄每两周采精三次；15 周龄以上每周采精 2 次。实践表明，一头成年公猪一周采精一次的精液量比采三次的低很多，但精子密度和活力却要好很多，因精子的发生大约需要 42 天完成。采精过于频繁的公猪，精液品质差，密度小，精子活力低，母猪配种受胎率低，产仔数少，公猪的可利用年限短；经常不采精的公猪，精子在附睾贮存时间过长，精子会死亡，故采得的精液活精子少，精子活力差，不适合配种。故公猪采精应根据年龄按不同的频率采精，不能因猪而异，随意采精。

无论采精多少次，一旦根据母猪的多少而定下来采精次数，那么采精的时间应有规律。比如，一头公猪按规定一周只在星期三采一次，那么到下周一定要在周三采，依次类推；另一头公猪按规定在星期二、星期五各采精一次，到下一周也要在星期二、星期五采，依次类推，不能随意更换时间。因为精子的形成和成熟，类似于人的生物钟，有一定的规律，一旦更改，便会影响精液的品质。

采精用的公猪的使用年限，美国一般为 1.5 年，更新率高；国内的一般可用 2～3 年，但饲养管理要合理、规范。超过 4 年的老年公猪，由于精液品质逐渐下降，一般不予留用。

1. 采精前的准备：采精一般在采精室进行，并通过双层玻璃

窗口与精液处理室联系,采精前应进行如下的准备:

(1)将盛放精液用的食品保鲜袋或聚乙烯袋放进采精用的保温杯中,工作人员只接触留在杯外的袋的开口出处,将袋口打开,环套在保温杯口边缘,并将消过毒的四层纱布罩在杯口上,用橡皮筋套住,连同盖子,放入37℃的恒温箱中预热,冬季尤其应引起重视。采精时,拿出保温杯,盖上盖子,然后传递给工作人员;当处理距采精室较远时,应将保温杯放入泡沫保温箱,然后带到采精室,这样做可以减少低温对精子的刺激。

(2)公猪的准备:采精之前,应将公猪尿囊中的残尿挤出,若阴毛太长,则要用剪刀剪短,防止操作时抓住阴毛和阴茎而影响阴茎的勃起,以利于采精。用水冲洗干净公猪全身特别是包皮部,并用毛巾擦干净包皮部,避免采精时残液滴入或流入精液中导致污染精液,也可以减少部分疾病传播给母猪,从而减少母猪子宫炎及其他生殖道或尿道疾病的发生,以提高母猪的发情期受胎率和产仔数。

(3)采精室的准备:采精前先将母猪台周围清扫干净,特别是公猪精液中的胶体,一旦残落地面,公猪走动很容易打滑,易造成公猪扭伤而影响生产。安全区应避免放置物品,以利于采精人员因突发事情而转移到安全地方。采精室内避免积水、积尿,不能放置易倒或能发出较大响声的东西,以免影响公猪的射精。

2. 采精的方法

公猪精液的获得,一般有两种采取方法,即假阴道采精法和徒手采精法。但目前最常用的为后一种方法。

(1)假阴道采精法:即制造一个类似假阴道的工具,利用假阴道内的压力、温度、湿润度和母猪阴道类似的原理来诱使公猪射精而获得精液的方法。

假阴道主要由阴道外筒、内胎、胶管漏斗、气嘴、双连球和集精杯等部分组成。外筒上面有一个小注水孔,可用来注入 45～50℃

的温水,主要用于调节假阴道内的温度,使其维持在 38～40℃。再用润滑剂将内胎由外到内涂均匀,增加其润滑度,后用双连球进行充气,增大内胎的空气压力,使内胎具备类似母猪阴道壁的功能。假阴道一端为阴茎插入口,另一端则装一个胶管漏斗,以便将精液收集到集精杯内。

这种采精方法不只用在猪上,其他家畜采精时也有广泛的应用,它是一种历史较长的先进采精方法,过去很长时间内曾被国内外广泛采用。但这种方法使用起来比较麻烦,所需设备多,在现阶段猪人工授精技术普遍使用的情况下,显然不利于生产,故国内外目前使用范围不大。

(2)徒手采精法:这种方法目前在国内外养猪界被广泛应用,因它是劳动人民智慧的结晶,是根据自然交配的原理而总结的一种简单、方便、可行的方法。使用这种方法,所需设备如采精杯、手套、纱布等简单,不需特制设备,操作简便。

这种方法的优点主要是可将公猪射精的前部分和中间较稀的精清部分弃掉,根据需要取得精液,缺点是公猪的阴茎刚伸出和抽动时,容易造成阴茎碰到母猪台而损伤龟头或擦伤阴茎表皮,以及搞不好清洁而易污染精液。

具体做法如下:将采精公猪赶到采精室,先让其嗅、拱母猪台,工作人员用手抚摸公猪的阴部和腹部,以刺激其性欲的提高。当公猪性欲达到旺盛时,它将爬上母猪台,并伸出阴茎龟头来回抽动。此时,若采精人员用右手采精时,则要蹲在公猪的左侧,右手抓住公猪阴茎的螺旋头处,并顺势拉出阴茎,顺势稍微回缩,直至和公猪阴茎同时运动,左手拿采精杯;若用左手采精时,则要蹲在公猪的右侧,左手抓住阴茎,右手拿采精杯。这样做使采精人员面对公猪的头部,主要是能够注意到公猪的变化,防止公猪突然跳下时伤到采精人员,同时,当采精人员能发出类似母猪发情时的"呼呼"声时,因声音和母猪接近,对刺激公猪的性欲将会有很大的作用,有利于公猪的射精。

无论用左手或右手,当握住公猪的阴茎时,都要注意要用拇指和食指抓住阴茎的螺旋体部分,其余三个手指予以配合,像挤牛奶一样随着阴茎的勃动而有节律地捏动,给予公猪刺激。采精时,握阴茎的那只手一般要戴双层手套,最好是聚乙烯制品,用这种手套对精子杀伤力较小,当将公猪包皮内的尿液挤出后,应将外层手套去掉,以免污染精液或感染公猪的阴茎。

手握阴茎的力度,太大或大小都不行,应以不让其滑落并能抓住为准。用力太小,阴茎容易脱掉,采不到精;用力太大,一是容易损伤阴茎,二是公猪很难射出精液。公猪一旦开始射精,手应立即停止捏动,而只是握住阴茎,射精完后,应马上捏动,以刺激其再次射精。

当公猪射精时,一般射出的前面较稀的精清部分应弃去不要,当射出乳白色的液体时,即为浓精液,就要用采精杯收集起来,射精的过程中,公猪都会再次或多次射出较稀的精清,和最后射出的较为稀薄的部分、胶体都应弃去不要。精液品质的好坏,量的多少只是其中的一个衡量指标,在相同的取舍方法下,关键要看精子的密度和活力的高低。初学者大都将公猪射出的较稀的精清和浓的精液全部收集起来计量,以此来衡量公猪的好坏,这是不恰当的。因为,同品种的不同公猪及不同品种的公猪在射精量和精子浓度方面都有个体的差异,尤以不同品种公猪之间较为突出,如大约克公猪的射精量大,但浓度稀;杜洛克公猪的射精量小,但浓度高。因此,在相同的采精方法下,应以精子密度、活力为主进行评价,而精液量只是其中一个标准。

应注意的是,采精杯上套的四层过滤用纱布,使用前不能用水洗,若用水洗则要烘干,因水洗后,相当于采得的精液进行了部分稀释,即使水分含量较少,也将会影响精液的浓度。

采完精液后,公猪一般会自动跳下母猪台,但当公猪不愿下来时,可能是还要射精,故工作人员应有耐心。对于那些采精后不下来而又不射精的公猪,不要让它形成习惯,应赶它下母猪台。对于采得的精液,先将过滤纱布及上面的胶体丢掉,然后将卷在杯口的精液袋上部撕去(美国做法),或将上部扭在一起,放在杯外,用盖子盖住采精杯,迅速传递到精液处理室进行检查、处理。

(三)精液质量评价和稀释

1. 颜色

猪的精液正常颜色为乳白色或灰白色;精液的浓度高时,呈乳白色带黄白色;精液浓度低时,呈灰白、水样甚至透明。如果精液呈红褐色,可能混有血液;如果呈黄绿色且有臭味,则可能混有尿液或炎症分泌物,这样的精液不能使用,并应及时对公猪进行对症治疗。

2. 气味

公猪精液应没有特殊气味,带尿味和氨味或其他怪味的精液不能使用。

3. pH 值

正常精子的 pH 值呈中性或弱碱性,在 7.0～7.8 之间,一般来说,精液 pH 值越低,精子浓度越大。

4. 镜检

在相位差显微镜 200～400 倍下面观察精子的活力和畸形率,活力合格率(即向前运动的精子占总数比例)低于 60% 不能使用;再用电子精子计数器测定精子密度,计算出所采集精液中所含精子的数量,按每个输精剂量至少 30 亿个有效精子计算出可稀释的倍数,通常可稀释 10～15 倍。

5. 精液的稀释

按照说明配制稀释液,如商品化的 MR—A SPERM DI-LUUENT 粉剂或 SPERM-AIDPOWDER 等。

稀释液应与准备稀释的精液温度一致,相差不能超过1℃。

按稀释倍数将精液稀释,用自动混合搅拌器充分搅拌混合后,再用 100 毫升的带尖头的塑料瓶或无毒塑料袋分装,不同品种的精液用不同颜色(红、蓝、黄、绿、黑等)的瓶盖(或者在精液中加入专用色剂)加以区别。置于 17℃ 恒温箱保存,保存过程中要求每 12 小时翻动一次。用普通稀释液稀释的精液可保存 5～6 天,用长效稀释液的可保存 7～9 天,但一般要求三天内用完,否则会影响使用效果。

有研究指出,用两头或多头公猪的不同精液混合进行人工授精,可提高受胎率和产仔数。

第四节　母猪发情诊断

要使母猪能适时输精,掌握母猪发情诊断是较关键的一环。发情诊断从母猪断奶后四天开始,一般在母猪采食完毕后进行,每天诊断两次,两次相隔不要超过 5 小时。母猪发情时,通常表现为烦躁不安,试图寻找公猪,阴户肿胀。亦可采用试情公猪与受检母猪接触,判断母猪是否发情和适配。当公猪在场时,在受检母猪背部加压和抚摸母猪腹部,提拉腹股沟,甚至由操作者骑坐在其背上,以检查母猪是否出现压背反射,出现静立反应和竖耳反应,表明愿意接受配种。

第五节　输精操作

在母猪采食后一小时,将发情母猪安置于限位栏内,操作者首先进行双手和母猪外阴部的清洁、消毒。后备母猪一般选择螺旋头输精管,经产母猪选择泡沫头输精管,在输精管上涂上专用润滑剂。输精时用手抚摸母猪外阴部,左手拇指、食指扳开母猪阴唇,右手持输精管,以斜角 30°～45°向上插入阴道中,要注意避开尿道开口,在输精管进入 10～15 厘米之后,转成水平插入,当插入 25～30 厘米到达子宫颈时,会感到输精管前端稍有阻力,这时可逆时针方向转动适度回抽,感觉到子宫颈锁定输精管,将装有精液的塑料瓶尖头接到输精管上,通过输精管使精液慢慢输入。如果精液有回流时,要减慢输入速度,输精的同时要注意抚摸母猪的乳房。如果精液输得太慢要稍微转动输精管,防止阴道皱襞堵住输精管出口,输精时间至少要求 3～5 分钟,当塑料瓶里的精液全部输入后,要让输精管保持原状 3～5 分钟,慢慢转动拔出输精管或让输精管继续停留于阴道内,由阴道括约肌收缩使其自行退出。输精管出来后,应检查输精管头是否有血迹,以判断是否插错位置和插入力度是否太大。

影响人工授精技术的因素主要有:猪场的管理状况、公猪精液的质量、操作者技术熟练程度、母猪发情诊断和适时配种的准确性、环境条件和实验室设备等。母猪输精后 21 天进行返情检查,30 天进行空怀检查,以保证没有配上的母猪及时返回配种群。

人工授精各方面的要求比自然交配高,操作要规范,对采用人工授精的器械要经常用高锰酸钾等消毒液体清洗消毒,防止各类繁殖疾病,发挥人工授精优势,逐步取代传统的自然交配。